国家基本职业培训包（指南包 课程包）

美甲师

人力资源社会保障部职业能力建设司编制

中国劳动社会保障出版社

图书在版编目（CIP）数据

美甲师 / 人力资源社会保障部职业能力建设司编制. -- 北京：中国劳动社会保障出版社，2021

国家基本职业培训包：指南包　课程包

ISBN 978-7-5045-9561-4

Ⅰ. ①美…　Ⅱ. ①人…　Ⅲ. ①指（趾）甲－化妆－职业培训－教材　Ⅳ. ①TS974.15

中国版本图书馆 CIP 数据核字（2021）第 164884 号

中国劳动社会保障出版社出版发行

（北京市惠新东街 1 号　邮政编码：100029）

*

三河市华骏印务包装有限公司印刷装订　新华书店经销

880 毫米 ×1230 毫米　16 开本　5.75 印张　102 千字

2021 年 9 月第 1 版　　2023 年 3 月第 2 次印刷

定价：18.00 元

营销中心电话：400-606-6496

出版社网址：http://www.class.com.cn

编制说明

为全面贯彻落实习近平总书记对技能人才工作的重要指示精神，进一步增强职业技能培训针对性和有效性，不断提高培训质量，培养壮大创新型、应用型、技能型人才队伍，按照《人力资源社会保障部办公厅关于推进职业培训包工作的通知》（人社厅发〔2016〕162号）的工作安排，我部持续组织开发培训需求量大的国家基本职业培训包，指导开发地方（行业）特色职业培训包，力争全面建立国家基本职业培训包制度，普遍应用职业培训包高质量开展各类职业培训。

职业培训包开发工作是新时期职业培训领域的一项重要基础性工作，旨在形成以综合职业能力培养为核心、以技能水平评价为导向，实现职业培训全过程管理的职业技能培训体系，这对于进一步提高培训质量，加强职业培训规范化、科学化管理，促进职业培训与就业需求的有效衔接，推行终身职业培训制度具有积极的作用。

国家基本职业培训包由指南包、课程包和资源包三个子包构成，是集培养目标、培训要求、培训内容、课程规范、考核大纲、教学资源等为一体的职业培训资源总和，是职业培训机构对劳动者开展政府补贴职业培训服务的工作规范和指南。

国家基本职业培训包遵循《职业培训包开发技术规程（试行）》的要求，依据国家职业技能标准和企业岗位技术规范，结合新经济、新产业、新职业发展编制，力求客观反映现阶段本职业（工种）的技术水平、对从业人员的要求和职业培训教学规律。

《国家基本职业培训包（指南包　课程包）——美甲师》是在各有关专家的共同努力下完成的。参加编审的主要人员有：李安、李晓军、潘旭、何青、邬芳、徐颖、王青青、郭景海、顾炜恩、师鹰、刘琦、孟红、李燕庆、杨龙凤、肖杰、毛晓青、殷惠莉、张灵莉、王勇、李晓盼、管飒、段乐乐、姚姝、马晨彬、邸艳梅、毛明华、姜波，在编制过程中得到了中国玉指美甲艺术学会、北京市海淀区李安玉指美甲艺术职业技能培训学校、北京安丽泰乐玉指艺术有限责任公司、深圳市天美美甲职业技能培训中心、山西太原市乐尚职业培训学校、重庆市艺才高级技工学校、江西上饶市晨曦职业培训学校、河北保定世纪美黛技工学校、山东省城市服务技师学院、山东省潍坊商业学校、甘肃好好职业培训学校、江苏南京集红堂职业培训学校、江苏无锡燕妮职业培训学校、北京市朝阳区鸿雅依涟美甲艺术职业技能培训学校、北京易飞客科技有限公司等有关单位的大力支持，在此一并致谢。

人力资源社会保障部职业能力建设司

国家基本职业培训包编审委员会

主　任　刘　康

副主任　张　斌　王晓君　袁　芳　葛　玮

委　员　田　丰　项声闻　尚　涛　葛恒双

蔡　兵　赵　欢　吕红文

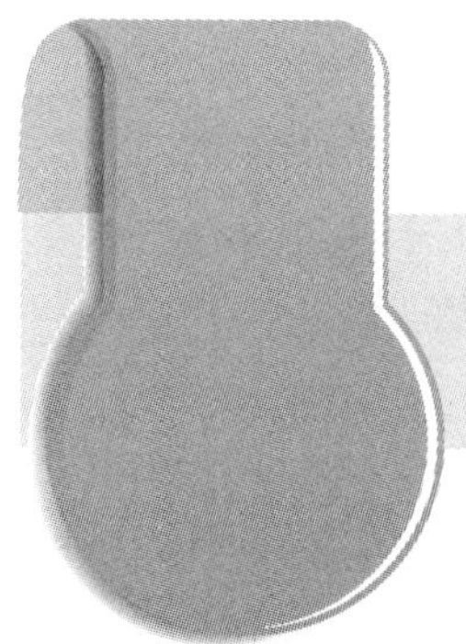

目 录

1 指 南 包

2 课 程 包

附录 培训要求与课程规范对照表

1
指南包

1.1 职业培训包使用指南

1.1.1 职业培训包结构与内容

美甲师职业培训包由指南包、课程包、资源包三个子包构成，结构如图 1 所示。

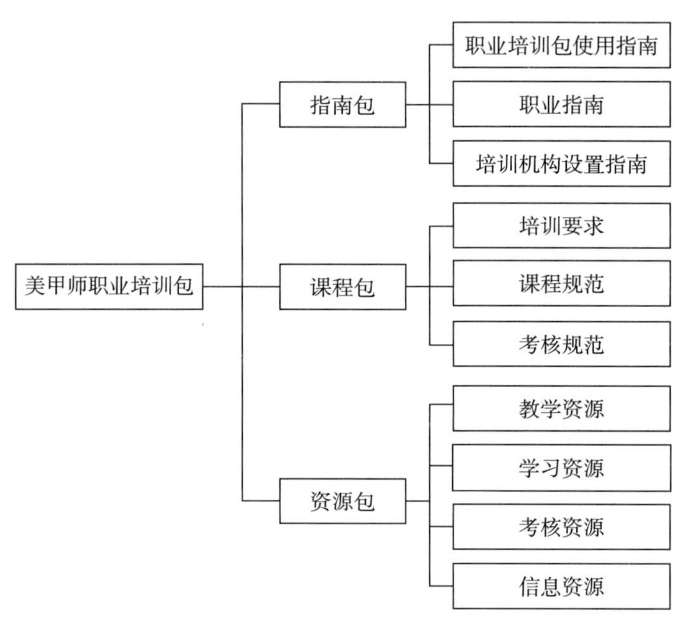

图 1　职业培训包结构图

指南包是指导培训机构、培训教师与学员开展职业培训的服务性内容总合，包括职业培训包使用指南、职业指南和培训机构设置指南。职业培训包使用指南是培训教师与学员了解职业培训包内容、选择培训课程、使用培训资源的说明性文本；职业指南是对职业信息的概述，培训机构设置指南是对培训机构开展职业培训提出的具体要求。

课程包是培训机构与教师实施职业培训、培训学员接受职业培训必须遵守的规范总合，包括培训要求、课程规范、考核规范。培训要求是参照国家职业技能标准、结合职业岗位工作实际需求制定的职业培训规范。课程规范是依据培训要求、结合职业培训教学规律，对课程设置、课堂学时、课程内容与培训方法等所做的统一规定。考核规范是针对课程规范中所规定的课程内容开发的，能够科学评价培训学员过程性学习效果与终结性培训成果的规则，是客观衡量培训学员职业基本素质与职业技能水平的标准，也是实施职业培训过程性与终结性考核的依据。

资源包是依据课程包要求，基于培训学员特征，遵循职业培训教学规律，应用先进职业培训课程理念，开发的多媒介、多形式的职业培训与考核资源总合，包括教学资源、学习资源、考核资源和信息资源。教学资源是为培训教师组织实施职业培训教学活动提供的相关资源；学习资源是为培训学员学习职业培训课程提供的相关资源；考核资源是为培训机构和教师实施职业培训考核提供的相关资源；信息资源是为培训教师和学员拓展视野提供的体现科技进步、职业发展的相关动态资源。

1.1.2 培训课程体系介绍

美甲师职业培训课程体系依据职业技能等级分为职业基本素质培训课程、五级/初级职业技能培训课程、四级/中级职业技能培训课程、三级/高级职业技能培训课程、二级/技师职业技能培训课程和一级/高级技师职业技能培训课程，每一类课程包含模块、课程和学习单元三个层级。美甲师职业培训课程体系源自本职业培训包课程包中的课程规范，以学习单元为基础，形成职业层次清晰、内容丰富的“培训课程超市”。

美甲师职业培训课程学时分配一览表

职业技能等级	课堂学时		其他学时	培训总学时
	职业基本素质培训课程	职业技能培训课程		
五级/初级	31	68	81	180
四级/中级	20	67	63	150
三级/高级	20	58	72	150
二级/技师	10	36	74	120
一级/高级技师	10	38	52	100

注：课堂学时是指培训机构开展的理论课程教学及实操课程教学的建议最低学时数，其中职业基本素质培训课程为理论知识培训课程，职业技能培训课程包含理论知识和操作技能培训课程。除课堂学时外，培训总学时还应包括岗位实习、现场观摩、自学自练等其他学时。

（1）职业基本素质培训课程

模块	课程	学习单元	课堂学时
1．职业概论	1-1 职业概述	职业概述	1
	1-2 美甲文化概论	（1）美甲与美手文化	1
		（2）美甲的基本概念和技术分类	1

续表

模块	课程	学习单元	课堂学时
2．职业道德和职业守则	2-1　职业道德	职业道德	2
	2-2　职业守则	职业守则	2
3．美甲师行为规范	3-1　美甲师的个人形象	美甲师的个人形象要求	1
	3-2　美甲师的服务礼仪	美甲师的服务礼仪	1
4．认识指甲①	4-1　指甲概述	指甲的作用及组成	1
	4-2　指甲生理结构及其作用	指甲的生理结构及其作用	1
	4-3　指甲的生长状况	指甲的生长状况	1
	4-4　指甲的外形及护理技巧	指甲的外形及护理技巧	1
5．美甲产品与工具	5-1　常用美甲材料的种类、性能及用途	（1）必备品	2
		（2）特殊用品	2
	5-2　常用美甲工具的种类、性能及用途	（1）修剪用具	1
		（2）打磨用具	2
		（3）美甲设备	2
	5-3　安全用电常识	安全用电常识	1
6．美甲卫生常识	6-1　细菌常识	细菌常识	1
	6-2　美甲师个人卫生	美甲师个人卫生要求	1
	6-3　美甲环境卫生	美甲环境卫生要求	1
	6-4　美甲用品及工具消毒	美甲用品及工具消毒要求	1
7．相关法律、法规知识	7-1　《中华人民共和国劳动法》相关知识	《中华人民共和国劳动法》相关知识	1
	7-2　《中华人民共和国消费者权益保护法》相关知识	《中华人民共和国消费者权益保护法》相关知识	1
	7-3　《中华人民共和国著作权法》相关知识	《中华人民共和国著作权法》相关知识	1
	7-4　《中华人民共和国环境保护法》相关知识	《中华人民共和国环境保护法》相关知识	1
课堂学时合计			31

注：本表所列为五级/初级职业基本素质培训课程，其他等级职业基本素质培训课程按“美甲师职业培训课程学时分配一览表”中相应的课堂学时进行必要的调整。

① 注：如无特殊说明，本书中用“指甲”指代“指（趾）甲”。

（2）五级 / 初级职业技能培训课程

模块	课程	学习单元	课堂学时
1．接待咨询	1–1　接待	规范化接待	2
	1–2　咨询	对顾客一般性美甲问题的解答	2
2．自然指甲的修饰与护理	2–1　自然指甲修饰	（1）自然指甲修饰基础	1
		（2）指皮软化剂、营养油的选择与涂抹	1
		（3）底油、彩色甲油、亮油的选择与涂抹	1
		（4）清除指甲油	1
	2–2　自然指甲护理	（1）甲油烘干机的使用与保养	1
		（2）自然指甲基本护理	2
		（3）自然趾甲基本护理	2
	2–3　甲油胶的使用方法	自然指甲甲油胶的涂抹	2
3．手足部护理	3–1　手部皮肤养护	（1）肘关节以下部位的按摩	2
		（2）标准手护理	2
	3–2　足部皮肤养护	（1）膝关节以下部位的按摩	2
		（2）标准足护理	2
4．人造指甲的制作与卸除	4–1　制作贴片甲	（1）制作贴片甲基础	2
		（2）全贴贴片的制作	1
		（3）半贴贴片的制作	2
		（4）浅贴贴片的制作	2
	4–2　卸除贴片甲	（1）物理卸甲	2
		（2）化学卸甲	2
5．装饰指甲	5–1　彩妆指甲	（1）彩妆指甲基础	2
		（2）甲油勾绘	2
		（3）贴花	2
		（4）彩线粘贴	2
		（5）镶嵌	2
		（6）悬挂饰物	2
		（7）指尖珠宝	2
	5–2　手绘指甲	（1）手绘指甲基础	2
		（2）初级手绘指甲	4
		（3）法式修甲（法式手绘）	4
	5–3　甲油胶彩绘	甲油胶彩绘	10
课堂学时合计			68

（3）四级 / 中级职业技能培训课程

模块	课程	学习单元	课堂学时
1．接待咨询	1–1　接待	通过观察了解顾客需求，并介绍适合的服务	4
	1–2　咨询	根据不同场合提出美甲建议，并向顾客介绍维护保养知识	4
2．失调性指甲护理	2–1　失调性指甲的类型	失调性指甲的类型	8
	2–2　修复咬残指甲	修复咬残指甲	2
3．手、足部皮肤养护	3–1　手部皮肤护理	手部皮肤护理	2
	3–2　足部皮肤护理	足部皮肤护理	2
4．人造指甲的制作和卸除	4–1　制作水晶指甲	（1）水晶指甲制作基础	1
		（2）半贴贴片水晶指甲制作	2
		（3）浅贴贴片水晶指甲制作	2
		（4）单色水晶指甲制作	2
		（5）法式水晶指甲制作	2
		（6）水晶指甲前缘出现裂缝的修补	2
		（7）水晶指甲前缘出现破损、断裂时的修补	2
		（8）水晶指甲后缘的修补	2
		（9）卸甲机卸除水晶指甲的方法	2
		（10）锡纸包扎卸除水晶指甲的方法	2
	4–2　制作凝胶指甲	（1）凝胶指甲的基础知识	2
		（2）光效凝胶指甲的制作	2
		（3）全贴丝绸指甲的制作	2
		（4）半贴贴片丝绸凝胶指甲的制作	2
		（5）自然凝胶指甲的制作	2
		（6）粉胶指甲的制作	2
		（7）凝胶指甲的修补和卸除	2
5．装饰指甲	手绘指甲	不同题材图案的绘制	12
课堂学时合计			67

（4）三级 / 高级职业技能培训课程

模块	课程	学习单元	课堂学时
1．接待咨询	1–1　接待	（1）世界技能大赛美甲英语词汇	3
		（2）日常美甲专用词汇	1
		（3）用英语接待外宾的工作流程	2
	1–2　咨询	（1）美甲问题的解答	2
		（2）美甲服务方案拟订方法	2
2．人造指甲的制作和卸除	2–1　制作水晶指甲	（1）高标准法式水晶指甲的要求及制作	4
		（2）电动打磨机修补水晶指甲的工作程序	3
	2–2　问题指甲的处理	（1）残甲修复	2
		（2）接断甲	2
		（3）畸形甲的矫正	2
		（4）灰指甲的成因及处理方法	2
		（5）霉变指甲的成因及处理方法	2
	2–3　光效凝胶指甲的制作与维护	光效凝胶指甲的制作与维护	8
3．装饰指甲	3–1　创意型手绘指甲	（1）手绘指甲基础	4
		（2）创意美甲设计	8
	3–2　喷绘	喷绘机的使用及喷绘操作	2
	3–3　内雕	内雕操作程序	4
	3–4　外雕	外雕操作程序	5
课堂学时合计			58

（5）二级 / 技师职业技能培训课程

模块	课程	学习单元	课堂学时
1．装饰指甲	1–1　观赏型三维艺术指甲	观赏型三维艺术指甲	8
	1–2　美甲艺术设计与制作	（1）平面美甲艺术设计与制作	4
		（2）立体美甲艺术设计与制作	4
2．培训与指导	2–1　操作指导	操作指导	4
	2–2　理论培训	理论培训	4
3．质量管理	3–1　解决工艺问题	（1）美甲教学质量管理	4
		（2）产品质量	4
	3–2　技术总结	技术总结撰写	4
课堂学时合计			36

（6）一级 / 高级技师职业技能培训课程

模块	课程	学习单元	课堂学时
1．装饰指甲	1–1　制作复合型指甲	复合型指甲制作	8
	1–2　网络设计	用计算机进行美甲设计	8
2．培训与指导	操作指导	（1）教学设计	4
		（2）美甲技师培训	4
3．技术创新与质量管理	3–1　技术创新	技术创新	6
	3–2　质量管理	质量管理	8
课堂学时合计			38

1.1.3　培训课程选择指导

职业基本素质培训课程为必修课程，相当于本职业的入门课程。各级别职业技能培训课程由培训机构教师根据培训学员实际情况，遵循高级别涵盖低级别的原则进行选择。

原则上，初入职的培训学员应学习职业基本素质培训课程和五级 / 初级职业技能培训课程的全部内容，有职业技能等级提升需求的培训学员，可按照国家职业技能标准的“鉴定要求”，对照自身需求选择更高等级的培训课程。

具有一定从业经验、无职业技能等级晋升要求的培训学员，可根据自身实际情况自主选择本职业培训课程体系。具体方法为：（1）选择课程模块；（2）其次在模块中筛选课程；（3）在课程中筛选学习单元；（4）组合成本次培训的课程内容。

培训教师可以根据以上方法对培训学员进行单独指导。对于订单培训，培训教师可以按照如上方法，对照订单要求进行培训课程的选择。

1.2　职 业 指 南

1.2.1　职业描述

美甲师是使用美甲工具，进行顾客手足部的消毒、清洁、护理、修饰设计的人员。

1.2.2 职业培训对象

美甲师职业培训的对象主要包括：城乡未继续升学的应届初高中毕业生、农村转移就业劳动者、城镇登记失业人员、转岗转业人员、退役军人、企业在职职工和高校毕业生等各类有培训需求的人员。

1.2.3 就业前景

美甲师的工作岗位有美甲师，未来可晋升为美甲副主管、美甲主管、美甲（美容）店长、美甲培训机构老师或院长、美甲师技能大师等。

1.3 培训机构设置指南

1.3.1 师资配备要求

（1）培训教师任职基本条件

1）培训五级 / 初级美甲师的教师应具有本职业三级 / 高级职业资格证书或职业技能等级证书或相关专业中级及以上专业技术职务任职资格。

2）培训四级 / 中级、三级 / 高级美甲师的教师应具有本职业二级 / 技师职业资格证书或职业技能等级证书或相关专业高级专业技术职务任职资格。

3）培训美甲师二级 / 技师、一级 / 高级技师的教师应具有本职业一级 / 高级技师职业资格证书或职业技能等级证书 3 年以上或相关专业高级专业技术职务任职资格 3 年以上。

（2）培训教师数量要求（以 20～50 人培训班为基准）

1）理论知识教师：1 人以上；培训规模超过 50 人的培训班，按教师与学员之比不低于 1∶50 配备教师。

2）实习指导教师：1 人以上；培训规模超过 20 人的培训班，按教师与学员之比不低于 1∶20 配备教师。

1.3.2 培训场所设备配置要求

培训场所设备配置要求如下（以 20～50 人培训班为基准）：

（1）理论知识培训场所设备配置要求：同时容纳 20～50 人上课的大于 60 平方米的标准教室。多媒体电教设备齐全，含计算机、网络接入设备、投影仪、音响设备。具备条件的可设录音、录像设备。

（2）操作技能培训场所设备配置要求：同时容纳 20～50 人上课的大于 60 平方米的标准教室。有便于开展互动式教学、演示、情景模拟等实训物品和材料。

（3）实训用具及其他物品、材料等配置要求如下（按标准培训班 20～50 人配备，每 10 人为一小组进行实训）。

等级	设备	用具	其他用品、材料
五级 / 初级	与操作台数量配套的甲油烘干机、照明灯（台灯）、蜡疗仪、凝胶灯、电动打磨机、卸甲机、打孔钻	1．棉花（片）容器、消毒液容器、垫枕、手绘笔、调色板、笔洗（洗笔杯）、粉尘刷、浸手碗、电热手（足）套、足浴盆、塑料盆、玻璃碗 2．镊子、指甲刀、指皮推、V 形推叉、U 形剪、指皮剪、小剪刀、刮脚刀、尖嘴钳、小勺	1．浓度为 75% 的酒精、浓度为 40% 的福尔马林消毒液、棉花（片）、橘木棒、废物袋、毛巾、牙签、保鲜膜、一次性纸巾 2．180 号打磨砂条、240 号打磨砂条、锡纸、隔趾海绵、自然甲抛光条（块）、全贴贴片、水贴花纸、装饰彩线、吊饰 3．洗甲水、护理浸液、蜜蜡、按摩霜、指皮软化剂、接痕溶解剂、营养油、底胶、甲油胶、封层胶、透明凝胶、底油、彩色甲油、亮油、卸甲液、丙烯颜料、贴片胶
四级 / 中级	与操作台数量配套的甲油烘干机、照明灯（台灯）、蜡疗仪、凝胶灯、电动打磨机、卸甲机、打孔钻、皮肤水分测试仪、足浴设备	1．棉花（片）容器、消毒液容器、垫枕、手绘笔、调色板、笔洗（洗笔杯）、粉尘刷、浸手碗、电热手（足）套、足浴盆、塑料盆、甲液杯、玻璃碗 2．镊子、指甲刀、指皮推、V 形推叉、U 形剪、指皮剪、小剪刀、刮脚刀、尖嘴钳、小勺、小刷子、C 弧定型器、水晶钳、凝胶笔	1．浓度为 75% 的酒精、浓度为 40% 的福尔马林消毒液、棉花（片）、橘木棒、废物袋、毛巾、牙签、保鲜膜、一次性纸巾 2．180 号打磨砂条、240 号打磨砂条、锡纸、隔趾海绵、自然甲抛光条（块）、全贴贴片、法式浅贴贴片、水贴花纸、装饰彩线、吊饰、指托板、平稳托、水晶笔、丝绸条、塑料压膜纸、专用胶水 3．洗甲水、护理浸液、蜜蜡、按摩霜、去角质霜、软肤露、指皮软化剂、美白软膜、美白乳液、特效干裂护理霜、接痕溶解剂、消毒干燥黏合剂、营养油、底胶、甲油胶、封层胶、透明凝胶、挤式凝胶、刷式凝胶、自然凝胶、速干剂、表面清洁剂、底油、彩色甲油、亮油、卸甲液、丙烯颜料、贴片胶、水晶甲液、水晶甲粉、白色水晶甲粉、透明水晶甲粉、洗笔水

续表

等级	设备	用具	其他用品、材料
三级 / 高级	与操作台数量配套的甲油烘干机、照明灯（台灯）、蜡疗仪、凝胶灯、电动打磨机、专用钻头、卸甲机、打孔钻、皮肤水分测试仪、足浴设备、喷绘机	1．棉花（片）容器、消毒液容器、垫枕、手绘笔、调色板、笔洗（洗笔杯）、粉尘刷、浸手碗、电热手（足）套、足浴盆、塑料盆、甲液杯、玻璃碗 2．镊子、专用镊子、指甲刀、指皮推、V形推叉、U形剪、指皮剪、小剪刀、一字剪、刮脚刀、尖嘴钳、小勺、小刷子、C弧定型器、水晶钳、凝胶笔、240号专业双面抛光条（块）	1．浓度为75%的酒精、浓度为40%的福尔马林消毒液、棉花（片）、橘木棒、废物袋、毛巾、牙签、保鲜膜、一次性纸巾 2．180号打磨砂条、240号打磨砂条、锡纸、隔趾海绵、自然甲抛光条（块）、全贴贴片、法式浅贴贴片、水贴花纸、装饰彩线、吊饰、指托板、平稳托、水晶笔、丝绸条、塑料压膜纸、专用胶水、贝壳粉或镭射亮片 3．洗甲水、护理浸液、蜜蜡、按摩霜、去角质霜、软肤露、指皮软化剂、美白软膜、美白乳液、特效干裂护理霜、接痕溶解剂、消毒干燥黏合剂、营养油、底胶、甲油胶、封层胶、透明凝胶、挤式凝胶、刷式凝胶、自然凝胶、基础胶、中层胶、速干剂、表面清洁剂、底油、彩色甲油、亮油、卸甲液、丙烯颜料、贴片胶、水晶甲液、水晶甲粉、白色水晶甲粉、透明水晶甲粉、洗笔水
二级 / 技师、一级 / 高级技师	具备培训五级 / 初级、四级 / 中级、三级 / 高级美甲师的所有设备、用具和其他用品、材料		

1.3.3 教学资料配备要求

（1）培训规范：《美甲师国家职业技能标准》《美甲师职业基本素质培训要求》《美甲师职业技能培训要求》《美甲师职业基本素质培训课程规范》《美甲师职业技能培训课程规范》《美甲师基本素质培训考核规范》《美甲师职业技能培训理论知识考核规范》《美甲师职业技能培训操作技能考核规范》。

（2）教学资源、教材教辅、网络资源等内容必须符合“（1）培训规范”。

1.3.4 管理人员配备要求

（1）专职校长：1人，应具有大专及以上文化程度、中级及以上专业技术职务任职资格，从事职业技术教育及教学管理5年以上，熟悉职业培训的有关法律法规。

（2）教学管理人员：1人以上，专职不少于1人；应具有大专及以上文化程度、中级及以上专业技术职务任职资格，从事职业教育及教学管理 5 年以上，具有丰富的教学管理经验。

（3）教务管理人员：1 人以上，应具有大专及以上文化程度。

（4）财务管理人员：2 人，应具有大专及以上文化程度、财会人员从业资格。

1.3.5 管理制度要求

培训机构应建立健全完备的管理制度，包括办学章程与发展规划，教学管理、教师管理、学员管理、财务管理、设备管理、安全管理等制度。

2

课程包

2.1 培训要求

2.1.1 职业基本素质培训要求

职业基本素质模块	培训内容	培训细目
1．职业概论	1-1 职业概述	（1）美甲师概念 （2）美甲服务与美甲行业
	1-2 美甲文化概论	（1）美甲与美手文化 （2）美甲的基本概念和技术分类
2．职业道德和职业守则	2-1 职业道德	（1）职业道德 （2）职业道德与自身和企业的关系 （3）美甲师职业道德
	2-2 职业守则	（1）职业守则基本知识 （2）美甲师职业守则
3．美甲师行为规范	3-1 美甲师的个人形象	（1）美甲师形象与行为 （2）美甲师心理素质
	3-2 美甲师的服务礼仪	（1）美甲师基本礼仪 （2）美甲师工作态度、职责与方法
4．认识指甲	4-1 指甲概述	（1）指甲的作用 （2）指甲的组成
	4-2 指甲的生理结构及其作用	（1）指甲的生理结构 （2）指甲各结构的作用
	4-3 指甲的生长状况	指甲的生长状况
	4-4 指甲的外形及护理技巧	（1）指甲的外形 （2）指甲的护理技巧
5．美甲产品与工具	5-1 常用美甲材料的种类、性能及用途	（1）常用美甲材料的种类 （2）常用美甲材料的性能 （3）常用美甲材料的用途
	5-2 常用美甲工具的种类、性能及用途	（1）常用美甲工具的种类 （2）常用美甲工具的性能 （3）常用美甲工具的用途
	5-3 安全用电常识	（1）安全用电基本要求 （2）安全事故处理方法

续表

职业基本素质模块	培训内容	培训细目
6．美甲卫生常识	6-1 细菌常识	（1）细菌的种类、形状 （2）细菌的繁殖与传播
	6-2 美甲师个人卫生	（1）美甲师清洁卫生要求 （2）美甲师服饰要求
	6-3 美甲环境卫生	美甲工作环境卫生要求
	6-4 美甲用品及工具消毒	（1）美甲用品消毒要求 （2）美甲工具消毒要求
7．相关法律、法规知识	7-1 《中华人民共和国劳动法》相关知识	（1）《中华人民共和国劳动法》概述 （2）《中华人民共和国劳动法》要点解析
	7-2 《中华人民共和国消费者权益保护法》相关知识	（1）《中华人民共和国消费者权益保护法》概述 （2）《中华人民共和国消费者权益保护法》要点解析
	7-3 《中华人民共和国著作权法》相关知识	（1）《中华人民共和国著作权法》概述 （2）《中华人民共和国著作权法》要点解析
	7-4 《中华人民共和国环境保护法》相关知识	（1）《中华人民共和国环境保护法》概述 （2）《中华人民共和国环境保护法》要点解析

2.1.2 五级 / 初级职业技能培训要求

职业功能模块	培训内容	技能目标	培训细目
1．接待咨询	1-1 接待	能使用文明礼貌用语，向顾客介绍服务项目和收费标准	（1）使用文明礼貌用语 （2）向顾客介绍服务项目和收费标准
	1-2 咨询	能回答顾客提出的一般性美甲问题	对顾客一般性美甲问题的解答
2．自然指甲的修饰与护理	2-1 自然指甲修饰	能选择、涂抹营养油、指皮软化剂、底油、彩油和亮油	（1）选择、涂抹营养油 （2）选择、涂抹指皮软化剂 （3）选择、涂抹底油 （4）选择、涂抹彩油 （5）选择、涂抹亮油
	2-2 自然指甲护理程序	能按规范程序对自然指甲进行消毒、清洁、修形、推剪指皮和表面抛光	（1）按规范程序对自然指甲进行消毒 （2）按规范程序对自然指甲进行清洁

续表

职业功能模块	培训内容	技能目标	培训细目
2．自然指甲护理	2–2　自然指甲护理程序	能按规范程序对自然指甲进行消毒、清洁、修形、推剪指皮和表面抛光	（3）按规范程序对自然指甲进行修形 （4）按规范程序对自然指甲进行推剪指皮 （5）按规范程序对自然指甲进行表面抛光
	2–3　甲油胶的使用方法	甲油胶的使用	自然指甲甲油胶的涂抹
3．手足部护理	3–1　手部皮肤养护	3–1–1　能按规范手法进行肘关节以下部位的按摩	按摩肘关节以下部位
		3–1–2　能按规定操作程序对手部皮肤进行清洁、消毒	（1）手部皮肤清洁 （2）手部皮肤消毒
		3–1–3　能进行手部深层皮肤护理	手部深层皮肤护理
	3–2　足部皮肤养护	3–2–1　能按规范手法进行膝关节以下部位的按摩	按摩膝关节以下部位
		3–2–2　能按规定操作程序对足部皮肤进行清洁、消毒	（1）足部皮肤清洁 （2）足部皮肤消毒
		3–2–3　能去除足趾部的死皮及足茧	去除足趾部的死皮及足茧
		3–2–4　能进行足部深层皮肤护理	足部深层皮肤护理
4．人造指甲的制作与卸除	4–1　制作贴片甲	4–1–1　能在自然指甲上用甲片胶粘贴全贴贴片、半贴贴片和浅贴贴片	（1）自然指甲上用甲片胶粘贴全贴片 （2）自然指甲上用甲片胶粘贴半贴片 （3）自然指甲上用甲片胶粘贴浅贴片
		4–1–2　能去除贴片的接痕	贴片接痕的去除
	4–2　卸除贴片甲	能使用卸甲液安全地卸除贴片甲	（1）物理方法卸除甲片 （2）化学方法卸除甲片
5．装饰指甲	5–1　彩妆指甲	5–1–1　能使用指甲油勾绘指甲	（1）彩妆指甲勾绘基本原理 （2）彩妆指甲勾绘基本操作

续表

职业功能模块	培训内容	技能目标	培训细目
5．装饰指甲	5–1　彩妆指甲	5–1–2　能使用贴花、钻石、吊饰等装饰性材料装饰指甲	（1）贴花装饰方法 （2）彩线粘贴装饰方法 （3）镶嵌装饰方法 （4）悬挂饰物装饰方法 （5）指尖珠宝装饰方法
	5–2　手绘指甲	能手绘线条、点及简单的花卉图案	（1）手绘线条 （2）手绘点 （3）手绘简单花卉图案
	5–3　甲油胶彩绘	能进行甲油胶彩绘	（1）甲油胶彩绘方法 （2）甲油胶彩绘操作

2.1.3　四级 / 中级职业技能培训要求

职业功能模块	培训内容	技能目标	培训细目
1．接待咨询	1–1　接待	1–1–1　能通过观察，了解不同顾客的心理需求 1–1–2　能介绍各类服务项目的特点	（1）观察并了解顾客的需求 （2）介绍各类美甲服务的特点
	1–2　咨询	1–2–1　能提出美甲服务建议 1–2–2　能向顾客介绍美甲后的维护保养常识	（1）根据不同场合提出美甲服务建议 （2）美甲维护保养知识的介绍
2．失调性指甲护理	2–1　失调性指甲的类型	能对失调性指甲进行针对性护理	（1）能根据不同的失调性指甲的类型提出养护方案 （2）失调性指甲的护理操作
	2–2　修复咬残指甲	能修复咬残的指甲	咬残指甲的修复
3．手、足部皮肤养护	3–1　手部皮肤护理	3–1–1　能对手部进行美白护理	（1）美白产品的选择 （2）手部皮肤美白护理方法
		3–1–2　能对干裂手进行特殊护理	（1）干裂手护理机的使用 （2）手部干裂的护理方法
	3–2　足部皮肤护理	3–2–1　能对足部进行美白护理	（1）皮肤水分测试仪的使用与保养 （2）足浴设备的使用 （3）足部皮肤美白护理方法
		3–2–2　能对干裂足进行特殊护理	干裂足的护理方法

续表

职业功能模块	培训内容	技能目标	培训细目
4．人造指甲的制作和卸除	4-1　制作水晶指甲	4-1-1　能使用各种贴片制作水晶指甲	(1) 水晶指甲的选型要求 (2) 半贴贴片水晶指甲的制作 (3) 浅贴贴片水晶指甲的制作
		4-1-2　能制作单色水晶指甲	单色水晶指甲的制作
		4-1-3　能制作基础法式水晶指甲	法式水晶指甲的制作
		4-1-4　能修补各种水晶指甲	(1) 修补前缘出现裂缝的水晶指甲 (2) 修补前缘出现破损、断裂的水晶指甲 (3) 修补水晶指甲后缘
		4-1-5　能卸除各种水晶指甲	(1) 卸甲机卸甲 (2) 锡纸包扎卸甲
	4-2　制作凝胶指甲	4-2-1　能使用不同的填充物，利用凝胶和催化剂制作丝绸指甲、凝胶指甲、玻璃纤维指甲和纸指甲	(1) 凝胶指甲的选择 (2) 光效凝胶指甲的制作 (3) 全贴丝绸指甲的制作 (4) 半贴贴片丝绸凝胶指甲的制作 (5) 自然凝胶指甲的制作 (6) 粉胶指甲的制作
		4-2-2　能修补和卸除各种凝胶指甲	(1) 凝胶指甲的修补 (2) 凝胶指甲的卸除
5．装饰指甲	手绘指甲	能绘制规定题材的图案	(1) 色彩构成的方法 (2) 构图的方法 (3) 手绘基本技巧

2.1.4　三级 / 高级职业技能培训要求

职业功能模块	培训内容	技能目标	培训细目
1．接待咨询	1-1　接待	能使用常用英语接待外宾	(1) 世界技能大赛中涉及的美甲英语沟通 (2) 用美甲专用英语 (3) 用英语接待外宾的流程
	1-2　咨询	1-2-1　能解答顾客提出的各种美甲问题	(1) 询问 (2) 解答 (3) 沟通
		1-2-2　能为顾客拟订美甲服务方案	(1) 拟订美甲服务方案 (2) 确认价格

续表

职业功能模块	培训内容	技能目标	培训细目
2．人造指甲的制作和卸除	2-1　制作水晶指甲	2-1-1　能制作主视C型弧度达到120°以上，俯视微笑线光滑、清晰、两端等高的法式水晶指甲	法式水晶甲的制作（主视C型弧度达到120°以上，俯视微笑线光滑、清晰、ab两端等高）
		2-1-2　能使用电动打磨机修补水晶指甲	电动打磨机修补水晶指甲
	2-2　问题指甲的处理	2-2-1　能修复残甲	残甲修复
		2-2-2　能再接断甲	接断甲
		2-2-3　能矫正畸形甲	畸形甲矫正
		2-2-4　能处理和美化灰指甲	灰指甲处理和美化
		2-2-5　能对霉变指甲进行消毒及处理	霉变指甲的消毒处理
	2-3　光效凝胶指甲的制作与维护	能制作、卸除、修补和再植光效凝胶指甲	(1) 制作光效凝胶指甲 (2) 卸除光效凝胶指甲 (3) 再植光效凝胶指甲
3．装饰指甲	3-1　创意型手绘指甲	能设计和制作符合主题内容的手绘指甲	(1) 丙烯颜料的使用 (2) 手绘指甲基本操作程序 (3) 创意美甲设计
	3-2　喷绘	能使用喷绘设备及模板制作层次分明的喷绘指甲	(1) 喷绘机的使用及保养 (2) 喷绘美甲操作
	3-3　内雕	能在水晶指甲内进行雕塑造型	内雕
	3-4　外雕	能在指甲表面进行雕塑造型	外雕

2.1.5　二级／技师职业技能培训要求

职业功能模块	培训内容	技能目标	培训细目
1．装饰指甲	1-1　观赏型三维艺术指甲	1-1-1　能运用不同材料进行三维指甲造型	不同材料的三维指甲造型
		1-1-2　能结合人体彩绘、梦幻妆、服饰造型等舞台表现方法来进行观赏型三维艺术指甲造型	观赏型三维艺术指甲造型

续表

职业功能模块	培训内容	技能目标	培训细目
1．装饰指甲	1–2　美甲艺术设计与制作	1–2–1　能设计个性化平面指甲图案	个性化平面指甲图案设计
		1–2–2　能设计个性化立体指甲造型	个性化立体指甲造型设计
2．培训与指导	2–1　操作指导	能对五级 / 初级、四级 / 中级、三级 / 高级美甲师进行操作指导	美甲师操作指导
	2–2　理论培训	能讲授本专业基础理论知识	基础理论知识讲授
3．质量管理	3–1　解决工艺问题	能分析美甲制作过程中的工艺问题，并提出解决的具体方案	（1）美甲工艺问题分析 （2）美甲工艺问题解决方案
	3–2　技术总结	能撰写技术总结	技术总结撰写

2.1.6　一级 / 高级技师职业技能培训要求

职业功能模块	培训内容	技能目标	培训细目
1．装饰指甲	1–1　制作复合型指甲	能运用镶嵌、手绘、喷绘、内雕、外雕五种技法制作复合型的艺术造型指甲	镶嵌、手绘、喷绘、内雕、外雕五种技法制作复合型的艺术造型指甲
	1–2　网络设计	能运用美甲专业设计软件，进行美甲造型的艺术设计	（1）美甲专业设计软件的运用 （2）计算机美甲造型艺术设计
2．培训与指导	操作指导	能对二级 / 技师及以下级别的人员进行培训和指导	对二级 / 技师及以下的人员进行培训和指导
		能编写美甲师培训讲义	美甲师培训讲义编写
3．技术创新与质量管理	3–1　技术创新	3–1–1　能组织美甲新工艺的研发	美甲新工艺的研发
		3–1–2　能应用美甲新技术，并提出和实施推广方案	美甲技术创新、实施和推广
	3–2　质量管理	能全面分析美甲质量问题产生的原因，并提出具体的解决方案	（1）美甲质量问题产生原因的全面分析 （2）具体解决方案

2.2 课程规范

2.2.1 职业基本素质培训课程规范

模块	课程	学习单元	课程内容	培训建议	课堂学时
1. 职业概论	1-1 职业概述	(1) 职业概述	1) 美甲师概念 2) 美甲服务 3) 美甲行业的发展	(1) 方法：讲授法、案例教学法、参观法等 (2) 重点与难点：美甲服务	1
	1-2 美甲文化概论	(2) 美甲与美手文化	1) 美甲与美手文化的起源与发展 2) 美甲与美手文化的表现形式 3) 美甲与美手文化的主张 4) 美甲与美手文化的特征	(1) 方法：讲授法、案例教学法、观摩法等 (2) 重点与难点：美甲与美手文化的起源与发展、美甲与美手文化的主张	1
		(3) 美甲的基本概念和技术分类	1) 美甲的基本概念 2) 美甲的技术分类	(1) 方法：讲授法、案例教学法、观摩法等 (2) 重点与难点：美甲的技术分类	1
2. 职业道德和职业守则	2-1 职业道德	职业道德	1) 职业道德基本知识 2) 职业道德与自身的发展 3) 职业道德与企业的发展 4) 美甲师应具备的职业道德	(1) 方法：讲授法、案例教学法等 (2) 重点与难点：职业道德基本知识、美甲师应具备的职业道德	2
	2-2 职业守则	职业守则	1) 尊重顾客，服务热情 2) 精心操作，保证质量 3) 遵纪守法，爱护设备	(1) 方法：讲授法、案例教学法等 (2) 重点与难点：尊重顾客，服务热情	2

续表

模块	课程	学习单元	课程内容	培训建议	课堂学时
3．美甲师行为规范	3-1 美甲师的个人形象	美甲师的个人形象要求	1）美化自己的双手（双足）	（1）方法：讲授法、案例教学法、情景表演法、演示法等 （2）重点与难点：具备虚心好学、精益求精的心理素质	1
			2）注意自身行为细节		
			3）养成心态平和、不急不躁的工作作风		
			4）具备虚心好学、精益求精的心理素质		
	3-2 美甲师的服务礼仪	美甲师的服务礼仪	1）礼仪的基本知识	（1）方法：讲授法、案例教学法、情景表演法、演示法等 （2）重点与难点：美甲师工作态度、职责与方法	1
			2）美甲师应具有的工作态度		
			3）美甲师应明确的工作职责		
			4）美甲师应掌握的工作方法		
4．认识指甲	4-1 指甲概述	指甲的作用及组成	1）指甲的作用	（1）方法：讲授法、实物示教法等 （2）重点与难点：指甲的组成	1
			2）甲母		
			3）甲根		
			4）指皮		
			5）指甲后缘		
			6）甲弧		
			7）指甲板		
			8）甲床		
			9）指甲前缘		
			10）指芯		
			11）甲沟		
			12）甲壁		
	4-2 指甲的生理结构及其作用	指甲的生理结构及其作用	1）指甲后缘	（1）方法：讲授法、实物示教法等 （2）重点与难点：指甲的生理结构及其作用	1
			2）甲母		
			3）角质层和指皮		
			4）指甲板		
			5）甲弧		
			6）甲床		
			7）血液和神经供给		
			8）骨		

续表

<table>
<tr><th>模块</th><th>课程</th><th>学习单元</th><th>课程内容</th><th>培训建议</th><th>课堂学时</th></tr>
<tr><td rowspan="9">4．认识指甲</td><td rowspan="6">4-3　指甲的生长状况</td><td rowspan="6">指甲的生长状况</td><td>1）指甲板的生长</td><td rowspan="6">（1）方法：讲授法、案例教学法等
（2）重点与难点：指甲板的生长、指甲板的化学成分、溶剂的作用</td><td rowspan="6">1</td></tr>
<tr><td>2）血液正常循环的作用</td></tr>
<tr><td>3）强度和柔韧性</td></tr>
<tr><td>4）指甲板的化学成分</td></tr>
<tr><td>5）坚固的指甲板</td></tr>
<tr><td>6）溶剂的作用</td></tr>
<tr><td rowspan="3">4-4　指甲的外形及护理技巧</td><td rowspan="3">指甲的外形及护理技巧</td><td>1）指甲的外形
①指甲板的形状
②指甲前缘的形状</td><td rowspan="3">（1）方法：讲授法、实训（练习）法等
（2）重点与难点：指甲的护理技巧</td><td rowspan="3">1</td></tr>
<tr><td>2）指甲前缘形状的修整技巧</td></tr>
<tr><td>3）指甲的护理技巧</td></tr>
<tr><td rowspan="19">5．美甲产品与工具</td><td rowspan="19">5-1　常用美甲材料的种类、性能及用途</td><td rowspan="19">（1）必备品</td><td>1）消毒液</td><td rowspan="19">（1）方法：讲授法、实物示教法、实训（练习）法等</td><td rowspan="19">2</td></tr>
<tr><td>2）消毒液容器</td></tr>
<tr><td>3）酒精（浓度为75%的乙醇溶液）</td></tr>
<tr><td>4）碘酒</td></tr>
<tr><td>5）云南白药</td></tr>
<tr><td>6）创可贴</td></tr>
<tr><td>7）营养油</td></tr>
<tr><td>8）底油</td></tr>
<tr><td>9）指甲精华素</td></tr>
<tr><td>10）彩色指甲油</td></tr>
<tr><td>11）亮油</td></tr>
<tr><td>12）棉球</td></tr>
<tr><td>13）棉球容器</td></tr>
<tr><td>14）橘木棒</td></tr>
<tr><td>15）粉尘刷</td></tr>
<tr><td>16）浸手碗</td></tr>
<tr><td>17）毛巾</td></tr>
<tr><td>18）小剪刀</td></tr>
<tr><td>19）小镊子</td></tr>
</table>

续表

模块	课程	学习单元	课程内容	培训建议	课堂学时
5. 美甲产品与工具	5-1 常用美甲材料的种类、性能及用途	(1) 必备品	20) 玻璃碗 21) 隔趾海绵 22) 垃圾袋 23) 一次性纸巾 24) 刮刀 25) 甲片盒 26) 彩色指甲油色板 27) 水晶指甲练习板 28) 甲油点花笔 29) 丙烯染料 30) 调色盘 31) 锡纸 32) 卸甲棉 33) 足部护理套装	(2) 重点与难点：必备品的种类和用途	2
		(2) 特殊用品	1) 卸甲水 2) 丙酮溶液 3) 护理浸液 4) 指皮软化剂 5) 去角质霜 6) 按摩霜 7) 细腻精华霜 8) 细腻清洁乳 9) 细腻姜糖磨砂膏 10) 指甲油稀释剂 11) 指甲贴片 12) 贴片胶 13) 接痕溶解剂 14) 消毒干燥黏合剂 15) 平稳托 16) 指托板 17) 水晶笔 18) 甲液杯	(1) 方法：讲授法、实物示教法、实训法（练习）等	

续表

模块	课程	学习单元	课程内容	培训建议	课堂学时
5. 美甲产品与工具	5-1　常用美甲材料的种类、性能及用途	（2）特殊用品	19）水晶甲液	（2）重点与难点：特殊用品的种类和用途	
			20）水晶粉		
			21）洗笔水		
			22）C 弧定型器		
			23）人造指甲卸甲水		
			24）抛光蜡		
			25）甲油胶		
			26）凝胶		
			27）速干剂		
			28）基础胶		
			29）中层胶		
			30）彩色胶		
			31）彩油胶		
			32）封面胶		
			33）粉胶甲		
			34）雕花胶		
			35）凝胶笔		
			36）凝胶灯		
			37）清洁剂		
			38）漂白剂		
			39）小苏打		
			40）人造钻石、吊饰		
			41）拷贝纸		
			42）彩绘笔		
			43）雕花笔		
			44）黑卡纸		
	5-2　常用美甲工具的种类、性能及用途	（1）修剪用具	1）U 形剪	（1）方法：讲授法、实物示教法、实训（练习）法等 （2）重点与难点：修剪用具的种类和用途	1
			2）水晶钳		
			3）指甲刀		
			4）指皮推		
			5）V 形推叉		
			6）指皮剪		

续表

模块	课程	学习单元	课程内容	培训建议	课堂学时
5．美甲产品与工具	5-2　常用美甲工具的种类、性能及用途	（2）打磨用具	1）去角质磨头 2）打磨磨头 3）修形磨头 4）UNC 磨头 5）短甲清洁磨头 6）抛光磨头 7）陶瓷打磨砂条 8）100 号打磨砂条 9）180 号打磨砂条 10）砂棒 11）搓脚板 12）刮脚刀 13）抛光海绵 14）自然甲抛光块（抛光条） 15）抛光皮搓	（1）方法：讲授法、实物示教法、实训（练习）法等 （2）重点与难点：打磨用具的种类和用途	2
		（3）美甲设备	1）柜子 2）美甲工作台 3）台灯 4）托盘 5）美甲作品展示板 6）垫枕 7）工作椅 8）顾客椅 9）足护理专用凳 10）蒸汽足浴桶 11）工具箱 12）足浴盆 13）蜡膜机 14）干裂手护理机 15）烘干机 16）电动打磨机	（1）方法：讲授法、实物示教法、实训（练习）法等	2

续表

模块	课程	学习单元	课程内容	培训建议	课堂学时
5．美甲产品与工具	5-2 常用美甲工具的种类、性能及用途	（3）美甲设备	17）喷绘泵	（2）重点与难点：美甲设备的种类和用途	
			18）喷绘枪		
			19）喷绘模板		
			20）超声波脱甲机		
			21）空气清新灯		
			22）有喷嘴的塑料瓶		
			23）手指托		
			24）手模型		
			25）打孔钻		
			26）尖嘴钳		
			27）名签		
			28）工作服		
			29）钻石盒		
			30）消毒柜		
	5-3 安全用电常识	安全用电常识	1）安全用电注意事项	（1）方法：讲授法、案例教学法等 （2）重点与难点：安全用电注意事项	1
			2）安全事故的处理		
6．美甲卫生常识	6-1 细菌常识	细菌常识	1）细菌的种类	（1）方法：讲授法等 （2）重点与难点：细菌的繁殖与传播	1
			2）细菌的形状		
			3）细菌的生长繁殖		
			4）细菌的传播		
	6-2 美甲师个人卫生	美甲师个人卫生要求	1）勤洗澡，每天保持清洁	（1）方法：讲授法、演示法、案例教学法等 （2）重点与难点：美甲师个人卫生要求	1
			2）避免共用毛巾、茶杯等生活用品		
			3）避免口腔异味		
			4）定期体检		
			5）平时衣着要洁净、合体、有个性		
			6）保持手和指甲的清洁，操作前后要洗手		
			7）勿戴过于花哨的首饰		

续表

<table>
<tr><th>模块</th><th>课程</th><th>学习单元</th><th>课程内容</th><th>培训建议</th><th>课堂学时</th></tr>
<tr><td rowspan="9">6．美甲卫生常识</td><td rowspan="6">6–3　美甲环境卫生</td><td rowspan="6">美甲环境卫生要求</td><td>1）工作环境无尘</td><td rowspan="6">（1）方法：讲授法、演示法、案例教学法等
（2）重点与难点：美甲环境要求</td><td rowspan="6">1</td></tr>
<tr><td>2）工作环境明亮、通风</td></tr>
<tr><td>3）冷、热水供应充足</td></tr>
<tr><td>4）电线、电器接头安全</td></tr>
<tr><td>5）卫生间卫生、整洁</td></tr>
<tr><td>6）不得饲养宠物</td></tr>
<tr><td rowspan="3">6–4　美甲用品及工具消毒</td><td rowspan="3">美甲用品及工具消毒要求</td><td>1）美甲用品及工具消毒的意义</td><td rowspan="3">（1）方法：讲授法、演示法、实训（练习）法等
（2）重点与难点：美甲用品及工具的消毒</td><td rowspan="3">1</td></tr>
<tr><td>2）美甲用品及工具消毒的原则</td></tr>
<tr><td>3）美甲用品及工具消毒的方法</td></tr>
<tr><td rowspan="12">7．相关法律、法规知识</td><td rowspan="6">7–1　《中华人民共和国劳动法》相关知识</td><td rowspan="6">《中华人民共和国劳动法》相关知识</td><td>1）《中华人民共和国劳动法》概述</td><td rowspan="6">（1）方法：讲授法、案例教学法等
（2）重点与难点：劳动法要点解析</td><td rowspan="6">1</td></tr>
<tr><td>2）劳动合同</td></tr>
<tr><td>3）工作时间和休息、休假</td></tr>
<tr><td>4）工资</td></tr>
<tr><td>5）劳动安全卫生</td></tr>
<tr><td>6）女职工和未成年工特殊保护</td></tr>
<tr><td rowspan="6">7–2　《中华人民共和国消费者权益保护法》相关知识</td><td rowspan="6">《中华人民共和国消费者权益保护法》相关知识</td><td>1）《中华人民共和国消费者权益保护法》概述</td><td rowspan="6">（1）方法：讲授法、案例教学法等
（2）重点与难点：消费者权益保护法要点解析</td><td rowspan="6">1</td></tr>
<tr><td>2）目标和适用范围</td></tr>
<tr><td>3）消费者的权利</td></tr>
<tr><td>4）经营者的义务</td></tr>
<tr><td>5）消费者合法权益的保护</td></tr>
<tr><td>6）本职业应用</td></tr>
</table>

续表

模块	课程	学习单元	课程内容	培训建议	课堂学时
7．相关法律、法规知识	7–3 《中华人民共和国著作权法》相关知识	《中华人民共和国著作权法》相关知识	1）著作权的概念 2）目标和适用范围 3）著作权的保护期 4）著作权许可使用合同 5）著作权人及其权利 6）本职业应用	（1）方法：讲授法、案例教学法等 （2）重点与难点：《中华人民共和国著作权法》要点解析	1
	7–4 《中华人民共和国环境保护法》相关知识	《中华人民共和国环境保护法》相关知识	1）《中华人民共和国环境保护法》概述 2）目标和适用范围 3）本职业应用	（1）方法：讲授法、案例教学法等 （2）重点与难点：《中华人民共和国环境保护法》要点解析	1
课堂学时合计					31

2.2.2 五级 / 初级职业技能培训课程规范

模块	课程	学习单元	课程内容	培训建议	课堂学时
1．接待咨询	1–1 接待	规范化接待	1）各类美甲服务项目名称 2）各类美甲服务项目收费标准 3）规范化服务程序	（1）方法：讲授法、案例教学法、角色扮演法等 （2）重点与难点：规范化服务程序	2
	1–2 咨询	对顾客一般性美甲问题的解答	1）询问 2）解答 3）沟通 4）确认 5）注意事项	（1）方法：讲授法、案例教学法、角色扮演法等 （2）重点与难点：解答与沟通	2
2．自然指甲的修饰与护理	2–1 自然指甲修饰	（1）自然指甲修饰基础	1）棉签的使用 2）棉签的制作	（1）方法：讲授法、演示法、观摩法、实物示教法、实训（练习）法等 （2）重点与难点：棉签的制作	1

续表

模块	课程	学习单元	课程内容	培训建议	课堂学时
2. 自然指甲的修饰与护理	2-1 自然指甲修饰	(2) 指皮软化剂、营养油的选择与涂抹	1) 指皮软化剂、营养油选择原则 2) 指皮软化剂、营养油的涂抹方法	(1) 方法：讲授法、演示法、观摩法、实物示教法、实训（练习）法等 (2) 重点与难点：指皮软化剂、营养油的涂抹方法	1
		(3) 底油、彩色甲油、亮油的选择与涂抹	1) 底油、彩色甲油、亮油的选择原则 2) 涂抹底油、彩色甲油、亮油的步骤与要领	(1) 方法：讲授法、演示法、观摩法、实物示教法、实训（练习）法等 (2) 重点与难点：涂抹底油、彩色甲油、亮油的步骤与要领	1
		(4) 清除指甲油	1) 使用棉花清除指甲油 2) 使用棉签清除指甲油	(1) 方法：讲授法、演示法、观摩法、实物示教法、实训（练习）法等 (2) 重点与难点：使用棉签清除指甲油	1
	2-2 自然指甲护理	(1) 甲油烘干机的使用与保养	1) 甲油快速干燥方法 2) 甲油烘干机的安全使用与维护保养知识	(1) 方法：讲授法、演示法、观摩法、实物示教法等 (2) 重点与难点：甲油快速干燥方法	1
		(2) 自然指甲基本护理	1) 服务项目 2) 服务用品 3) 工作准备 4) 工作程序 5) 注意事项	(1) 方法：讲授法、演示法、观摩法、实训（练习）法等 (2) 重点与难点：自然指甲基本护理	2
		(3) 自然趾甲基本护理	1) 服务项目 2) 服务用品 3) 工作准备 4) 工作程序 5) 注意事项	(1) 方法：讲授法、演示法、观摩法、实训（练习）法等 (2) 重点与难点：自然趾甲基本护理	2

续表

<table>
<tr><th>模块</th><th>课程</th><th>学习单元</th><th>课程内容</th><th>培训建议</th><th>课堂学时</th></tr>
<tr><td rowspan="5">2．自然指甲的修饰与护理</td><td rowspan="5">2–3 甲油胶的使用方法</td><td rowspan="5">自然指甲甲油胶的涂抹</td><td>1）服务项目</td><td rowspan="5">（1）方法：讲授法、演示法、观摩法、实物示教法等
（2）重点与难点：自然指甲甲油胶的涂抹</td><td rowspan="5">2</td></tr>
<tr><td>2）服务用品</td></tr>
<tr><td>3）工作准备</td></tr>
<tr><td>4）甲油胶涂抹操作步骤</td></tr>
<tr><td>5）注意事项</td></tr>
<tr><td rowspan="9">3．手足部护理</td><td rowspan="5">3–1 手部皮肤养护</td><td rowspan="2">（1）肘关节以下部位的按摩</td><td>1）手部穴位</td><td rowspan="2">（1）方法：讲授法、演示法、观摩法、实物示教法、实训（练习）法等
（2）重点与难点：肘关节部位以下的规范按摩手法</td><td rowspan="2">2</td></tr>
<tr><td>2）肘关节部位以下的规范按摩手法</td></tr>
<tr><td rowspan="3">（2）标准手护理</td><td>1）蜡疗仪的使用及维护保养</td><td rowspan="3">（1）方法：讲授法、演示法、观摩法、实物示教法、实训（练习）法等
（2）重点与难点：标准手护理工作程序</td><td rowspan="3">2</td></tr>
<tr><td>2）电热手套的使用及维护保养</td></tr>
<tr><td>3）标准手护理工作程序</td></tr>
<tr><td rowspan="4">3–2 足部皮肤养护</td><td rowspan="2">（1）膝关节以下部位的按摩</td><td>1）足部穴位</td><td rowspan="2">（1）方法：讲授法、演示法、观摩法、实物示教法、实训（练习）法等
（2）重点与难点：膝关节部位以下的规范按摩手法</td><td rowspan="2">2</td></tr>
<tr><td>2）膝关节部位以下的规范按摩手法</td></tr>
<tr><td rowspan="2">（2）标准足护理</td><td>1）电热足套的使用及维护保养</td><td rowspan="2">（1）方法：讲授法、演示法、观摩法、实物示教法、实训（练习）法等
（2）重点与难点：标准足护理工作程序</td><td rowspan="2">2</td></tr>
<tr><td>2）标准足护理工作程序</td></tr>
<tr><td rowspan="3">4．人造指甲的制作与卸除</td><td rowspan="3">4–1 制作贴片甲</td><td rowspan="3">（1）制作贴片甲基础</td><td>1）贴片的种类和用途</td><td rowspan="3">（1）方法：讲授法、演示法、观摩法、实物示教法、实训（练习）法等
（2）重点与难点：去除指甲贴片接痕的方法</td><td rowspan="3">2</td></tr>
<tr><td>2）贴片胶的使用方法</td></tr>
<tr><td>3）去除指甲贴片接痕的方法</td></tr>
</table>

续表

模块	课程	学习单元	课程内容	培训建议	课堂学时
4．人造指甲的制作与卸除	4-1 制作贴片甲	（2）全贴贴片的制作	1）服务项目 2）服务用品 3）工作准备 4）操作步骤 5）注意事项	（1）方法：讲授法、演示法、观摩法、实训（练习）法等 （2）重点与难点：全贴贴片的制作	1
		（3）半贴贴片的制作	1）服务项目 2）服务用品 3）工作准备 4）操作步骤 5）注意事项	（1）方法：讲授法、演示法、观摩法、实训（练习）法等 （2）重点与难点：半贴贴片的制作	2
		（4）浅贴贴片的制作	1）服务项目 2）服务用品 3）工作准备 4）操作步骤 5）注意事项	（1）方法：讲授法、演示法、观摩法、实训（练习）法等 （2）重点与难点：浅贴贴片的制作	2
	4-2 卸除贴片甲	（1）物理卸甲	1）电动打磨机及其操作流程、手法 2）锆石磨头 3）粉尘收纳机 4）打磨机操作流程及手法 5）物理卸甲的操作流程 6）注意事项	（1）方法：讲授法、演示法、观摩法、实训（练习）法等 （2）重点与难点：打磨机物理卸甲的操作	2
		（2）化学卸甲	1）卸甲机构造 2）卸甲机卸除方法 3）锡纸包扎卸除法 4）注意事项	（1）方法：讲授法、演示法、观摩法、实训（练习）法等 （2）重点与难点：卸甲机卸除方法	2

续表

模块	课程	学习单元	课程内容	培训建议	课堂学时
5．装饰指甲	5-1 彩妆指甲	（1）彩妆指甲基础	1）色彩及构图基本原理	（1）方法：讲授法、演示法、观摩法等 （2）重点与难点：色彩及构图基本原理	2
			2）勾绘的规范操作程序和注意事项		
		（2）甲油勾绘	1）服务项目	（1）方法：讲授法、演示法、观摩法、实训（练习）法等 （2）重点与难点：甲油勾绘	2
			2）服务用品		
			3）工作准备		
			4）操作步骤		
			5）甲油勾绘实例		
			6）注意事项		
		（3）贴花	1）服务项目	（1）方法：讲授法、演示法、观摩法、实训（练习）法等 （2）重点与难点：贴花	2
			2）服务用品		
			3）工作准备		
			4）操作步骤		
			5）贴花实例		
			6）注意事项		
		（4）彩线粘贴	1）服务项目	（1）方法：讲授法、演示法、观摩法、实训（练习）法等 （2）重点与难点：彩线粘贴	2
			2）服务用品		
			3）工作准备		
			4）操作步骤		
			5）彩线粘贴实例		
			6）注意事项		
		（5）镶嵌	1）服务项目	（1）方法：讲授法、演示法、观摩法、实训（练习）法等 （2）重点与难点：镶嵌	2
			2）服务用品		
			3）工作准备		
			4）操作步骤		
			5）镶嵌实例		
			6）注意事项		
		（6）悬挂饰物	1）服务项目	（1）方法：讲授法、演示法、观摩法、实训（练习）法等	2
			2）服务用品		
			3）工作准备		

续表

模块	课程	学习单元	课程内容	培训建议	课堂学时
5．装饰指甲	5-1 彩妆指甲	（6）悬挂饰物	4）操作步骤	（2）重点与难点：悬挂饰物	
			5）悬挂饰物实例		
			6）注意事项		
		（7）指尖珠宝	1）服务项目	（1）方法：讲授法、演示法、观摩法、实训（练习）法等 （2）重点与难点：指尖珠宝	2
			2）服务用品		
			3）工作准备		
			4）操作步骤		
			5）指尖珠宝实例		
			6）注意事项		
	5-2 手绘指甲	（1）手绘指甲基础	1）手绘指甲的分类	（1）方法：讲授法、演示法、观摩法、实物示教法等 （2）重点与难点：多功能甲油绘画笔的使用方法	2
			2）多功能甲油绘画笔的使用方法		
		（2）初级手绘指甲	1）手绘指甲的基础方法	（1）方法：讲授法、演示法、观摩法、实训（练习）法等 （2）重点与难点：初级手绘指甲的方法	4
			2）初级手绘指甲的方法		
		（3）法式修甲（法式手绘）	法式修甲（法式手绘）的方法	（1）方法：讲授法、演示法、观摩法、实训（练习）法等 （2）重点与难点：法式修甲（法式手绘）的方法	4
	5-3 甲油胶彩绘	甲油胶彩绘	1）甲油胶彩绘的工作程序	（1）方法：讲授法、演示法、观摩法、实训（练习）法等 （2）重点与难点：甲油胶彩绘的工作程序	10
			2）甲油胶彩绘的方法		
			3）搭配的魅力		
课堂学时合计					68

2.2.3　四级 / 中级职业技能培训课程规范

模块	课程	学习单元	课程内容	培训建议	课堂学时
1．接待咨询	1–1　接待	通过观察了解顾客需求，并介绍适合的服务	1）不同顾客的心理需求	（1）方法：讲授法、案例教学法、角色扮演法等 （2）重点与难点：各类美甲服务项目的特点	4
			2）影响顾客需求的因素		
			3）各类美甲服务项目的特色		
			4）服务心理学的相关知识		
			5）注意事项		
	1–2　咨询	根据不同场合提出美甲建议，并向顾客介绍维护保养知识	1）不同场合的美甲需求特点	（1）方法：讲授法、案例教学法、角色扮演法等 （2）重点与难点：美甲后的维护保养常识	4
			2）美甲后的维护保养常识		
			3）工作程序 ①询问 ②解答 ③沟通 ④确认		
			4）注意事项		
2．失调性指甲护理	2–1　失调性指甲的类型	失调性指甲的类型	1）指甲萎缩	（1）方法：讲授法、演示法、观摩法、实物示教法等	8
			2）咬残的指甲		
			3）灰指甲		
			4）指甲淤血		
			5）甲沟皲裂		
			6）指甲起皱		
			7）蛋壳形指甲		
			8）甲刺		
			9）嵌甲		
			10）指甲皮过长		
			11）指甲过宽或过厚		
			12）甲脊		
			13）指甲破裂		

续表

模块	课程	学习单元	课程内容	培训建议	课堂学时
2．失调性指甲护理	2–1　失调性指甲的类型	失调性指甲的类型	14）白甲 15）指甲分离 16）指甲脱落 17）甲床、甲沟发炎 18）注意事项	（2）重点与难点：失调性指甲的类型	
	2–2　修复咬残指甲	修复咬残指甲	1）服务项目 2）服务用品 3）工作准备 4）操作步骤 5）残甲修复案例 6）注意事项	（1）方法：讲授法、演示法、观摩法、实物示教法等 （2）重点与难点：残甲修复案例	2
3．手、足部皮肤养护	3–1　手部皮肤护理	手部皮肤护理	1）常用美白产品的性能及效果 2）手部干裂形成的原因 3）干裂手护理机的使用方法 4）手部皮肤美白的护理方法 5）干裂手的护理方法	（1）方法：讲授法、演示法、观摩法、实物示教法等 （2）重点与难点：手部皮肤美白的护理方法	2
	3–2　足部皮肤护理	足部皮肤护理	1）皮肤水分测试仪的使用方法及维护、保养 2）足浴设备的使用方法 3）足部皮肤美白护理的方法 4）干裂足的护理方法 5）注意事项	（1）方法：讲授法、演示法、观摩法、实物示教法等 （2）重点与难点：足部皮肤美白的护理方法	2
4．人造指甲的制作和卸除	4–1　制作水晶指甲	（1）水晶指甲制作基础	1）指托板的类型及操作要领 2）水晶指甲的造型要求	（1）方法：讲授法、演示法、观摩法、实物示教法等 （2）重点与难点：水晶指甲的造型要求	1

续表

模块	课程	学习单元	课程内容	培训建议	课堂学时
4．人造指甲的制作和卸除	4-1 制作水晶指甲	（2）半贴贴片水晶指甲制作	半贴贴片水晶指甲制作	（1）方法：讲授法、演示法、观摩法、实训（练习）法等 （2）重点与难点：半贴贴片水晶甲	2
		（3）浅贴贴片水晶指甲制作	浅贴贴片水晶指甲制作	（1）方法：讲授法、演示法、观摩法、实训（练习）法等 （2）重点与难点：浅贴贴片水晶甲	2
		（4）单色水晶指甲制作	单色水晶指甲的制作	（1）方法：讲授法、演示法、观摩法、实训（练习）法等 （2）重点与难点：单色水晶指甲的制作	2
		（5）法式水晶指甲制作	法式水晶指甲的制作	（1）方法：讲授法、演示法、观摩法、实训（练习）法等 （2）重点与难点：法式水晶指甲的制作	2
		（6）水晶指甲前缘出现裂缝的修补	水晶指甲前缘出现裂缝的修补	（1）方法：讲授法、演示法、观摩法、实训（练习）法等 （2）重点与难点：水晶指甲前缘出现裂缝的修补	2
		（7）水晶指甲前缘出现破损、断裂时的修补	水晶指甲前缘出现破损、断裂时的修补	（1）方法：讲授法、演示法、观摩法、实训（练习）法等 （2）重点与难点：水晶指甲前缘出现破损、断裂时的修补	2
		（8）水晶指甲后缘的修补	水晶指甲后缘的修补	（1）方法：讲授法、演示法、观摩法、实训（练习）法等 （2）重点与难点：水晶指甲后缘的修补	2
		（9）卸甲机卸除水晶指甲的方法	卸甲机卸除水晶指甲的方法	（1）方法：讲授法、演示法、观摩法、实物示教法等	2

续表

模块	课程	学习单元	课程内容	培训建议	课堂学时
4．人造指甲的制作和卸除	4-1 制作水晶指甲			（2）重点与难点：卸甲机卸除水晶指甲的方法	
		（10）锡纸包扎卸除水晶指甲的方法	锡纸包扎卸除水晶指甲的方法	（1）方法：讲授法、演示法、观摩法、实训（练习）法等 （2）重点与难点：锡纸包扎卸除水晶指甲的方法	2
	4-2 制作凝胶指甲	（1）凝胶指甲的基础知识	1）各类凝胶指甲的特性、使用和储存方法	（1）方法：讲授法、演示法、观摩法、实训（练习）法等 （2）重点与难点：各类凝胶指甲的特性、使用和储存方法	2
			2）速干剂的类型		
		（2）光效凝胶指甲的制作	光效凝胶指甲的制作	（1）方法：讲授法、演示法、观摩法、实训（练习）法等 （2）重点与难点：光效凝胶指甲的制作	2
		（3）全贴丝绸指甲的制作	全贴丝绸指甲的制作	（1）方法：讲授法、演示法、观摩法、实训（练习）法等 （2）重点与难点：全贴丝绸指甲的制作	2
		（4）半贴贴片丝绸凝胶指甲的制作	半贴贴片丝绸凝胶指甲的制作	（1）方法：讲授法、演示法、观摩法、实训（练习）法等 （2）重点与难点：半贴贴片丝绸凝胶指甲的制作	2
		（5）自然凝胶指甲的制作	自然凝胶指甲的制作	（1）方法：讲授法、演示法、观摩法、实训（练习）法等 （2）重点与难点：自然凝胶指甲的制作	2
		（6）粉胶指甲的制作	粉胶指甲的制作	（1）方法：讲授法、演示法、观摩法、实训（练习）法等	2

续表

模块	课程	学习单元	课程内容	培训建议	课堂学时
4．人造指甲的制作和卸除	4-2　制作凝胶指甲			（2）重点与难点：粉胶指甲的制作	
		（7）凝胶指甲的修补和卸除	1）凝胶指甲的修补	（1）方法：讲授法、演示法、观摩法、实训（练习）法等 （2）重点与难点：凝胶指甲的修补	2
			2）凝胶指甲的卸除		
5．装饰指甲	5-1　手绘指甲	不同题材图案的绘制	1）色彩构成及色彩美	（1）方法：讲授法、观摩法、实物示教法等 （2）重点与难点：美甲构图的方法	12
			2）指尖色彩与图案赏析		
			3）美甲构图的方法		
			4）实用手绘的技巧与准则		
课堂学时合计					67

2.2.4　三级／高级职业技能培训课程规范

模块	课程	学习单元	课程内容	培训建议	课堂学时
1．接待咨询	1-1　接待	（1）世界技能大赛美甲英语词汇	1）世界技能大赛美容项目中的美甲英语词汇	（1）方法：讲授法、案例教学法、角色扮演法等 （2）重点与难点：世界技能大赛美容项目中的美甲英语词汇	3
			2）世界技能大赛手护理模块专用英语词汇		
			3）世界技能大赛足部护理模块专用英语词汇		
			4）世界技能大赛幻彩妆和幻彩美甲模块专用英语词汇		
			5）世界技能大赛睫毛种植模块专用英语词汇		
		（2）日常美甲专用词汇	1）美甲专业常用英语词汇	（1）方法：讲授法、案例教学法、角色扮演法等	1

续表

<table>
<tr><th>模块</th><th>课程</th><th>学习单元</th><th>课程内容</th><th>培训建议</th><th>课堂学时</th></tr>
<tr><td rowspan="9">1．接待咨询</td><td rowspan="4">1–1　接待</td><td rowspan="2">（2）日常美甲专用词汇</td><td>2）美甲专业常用英语语句</td><td rowspan="2">（2）重点与难点：英语日常接待语句</td><td rowspan="2"></td></tr>
<tr><td>3）英语日常接待语句</td></tr>
<tr><td rowspan="2">（3）用英语接待外宾的工作流程</td><td>1）工作程序</td><td rowspan="2">（1）方法：讲授法、案例教学法、角色扮演法等
（2）重点与难点：各类美甲服务项目的特点</td><td rowspan="2">2</td></tr>
<tr><td>2）注意事项</td></tr>
<tr><td rowspan="6">1–2　咨询</td><td rowspan="3">（1）美甲问题的解答</td><td>1）询问</td><td rowspan="3">（1）方法：讲授法、案例教学法、角色扮演法等
（2）重点与难点：解答</td><td rowspan="3">2</td></tr>
<tr><td>2）解答</td></tr>
<tr><td>3）沟通</td></tr>
<tr><td rowspan="3">（2）美甲服务方案拟订方法</td><td>1）拟订美甲服务方案</td><td rowspan="3">（1）方法：讲授法、案例教学法、角色扮演法等
（2）重点与难点：拟订美甲服务方案</td><td rowspan="3">2</td></tr>
<tr><td>2）确认价格</td></tr>
<tr><td>3）注意事项</td></tr>
<tr><td rowspan="6">2．人造指甲的制作和卸除</td><td rowspan="5">2–1　制作水晶指甲</td><td rowspan="2">（1）高标准法式水晶指甲的要求及制作</td><td>1）法式水晶指甲大赛相关要求</td><td rowspan="2">（1）方法：讲授法、演示法、观摩法、实物示教法等
（2）重点与难点：较高标准法式水晶指甲的制作程序</td><td rowspan="2">4</td></tr>
<tr><td>2）高标准法式水晶指甲的制作程序
①服务项目
②服务用品
③工作准备
④操作步骤
⑤注意事项</td></tr>
<tr><td rowspan="3">（2）电动打磨机修补水晶指甲的工作程序</td><td>1）电动打磨机型号</td><td rowspan="3">（1）方法：讲授法、演示法、观摩法、实物示教法等
（2）重点与难点：电动打磨机修补水晶指甲</td><td rowspan="3">3</td></tr>
<tr><td>2）工作程序</td></tr>
<tr><td>3）注意事项</td></tr>
<tr><td>2–2　问题指甲的处理</td><td>（1）残甲修复</td><td>残甲修复</td><td>（1）方法：讲授法、演示法、观摩法、实物示教法等
（2）重点与难点：残甲修复</td><td>2</td></tr>
</table>

续表

模块	课程	学习单元	课程内容	培训建议	课堂学时
2．人造指甲的制作和卸除	2-2 问题指甲的处理	（2）接断甲	接断甲	（1）方法：讲授法、演示法、观摩法、实物示教法等 （2）重点与难点：接断甲	2
		（3）畸形甲的矫正	畸形甲的矫正	（1）方法：讲授法、演示法、观摩法、实物示教法等 （2）重点与难点：畸形指甲的矫正	2
		（4）灰指甲的成因及处理方法	1）灰指甲的成因	（1）方法：讲授法、演示法、观摩法、实物示教法等 （2）重点与难点：灰指甲的处理方法	2
			2）灰指甲的处理方法		
		（5）霉变指甲的成因及处理方法	1）霉变指甲的成因	（1）方法：讲授法、演示法、观摩法、实物示教法等 （2）重点与难点：霉变指甲的处理方法	2
			2）霉变指甲的处理方法		
	2-3 光效凝胶指甲的制作与维护	光效凝胶指甲的制作与维护	1）光效凝胶指甲的化学成分、固化原理及与水晶指甲的区别	（1）方法：讲授法、演示法、观摩法、实物示教法等 （2）重点与难点：光效凝胶指甲的制作	8
			2）光效凝胶指甲的特点及制作方法		
			3）光效凝胶指甲的制作材料		
			4）光效凝胶指甲、自然凝胶指甲与其他美甲工艺的搭配		
			5）凝胶灯的工作原理和维护保养		
			6）工作程序		
			7）注意事项		
3．装饰指甲	3-1 创意型手绘指甲	（1）手绘指甲基础	1）手绘艺术设计	（1）方法：讲授法、演示法、观摩法、实物示教法等	4
			2）色彩运用		
			3）手绘用笔的技巧		

续表

模块	课程	学习单元	课程内容	培训建议	课堂学时
3．装饰指甲	3-1 创意型手绘	（1）手绘指甲基础	4）创造能力的培养	（2）重点与难点：手绘工作程序	
			5）工作程序		
			6）丙烯颜料手绘实例		
			7）注意事项		
		（2）创意美甲设计	1）创意甲油胶彩绘	（1）方法：讲授法、演示法、观摩法、实物示教法等 （2）重点与难点：甲油胶创意美甲设计	8
			2）中国式美甲创意（甲油胶和丙烯颜料混合使用）		
			3）中国式美甲创意（甲油胶创意彩绘）		
			4）甲油胶创意彩绘及饰品制作		
			5）甲油胶创意彩绘案例分析		
			6）幻彩艺术整体创意设计理念		
	3-2 喷绘	喷绘机的使用及喷绘操作	1）喷绘机的使用	（1）方法：讲授法、演示法、观摩法、实物示教法等 （2）重点与难点：喷绘的操作程序及注意事项	2
			2）喷绘机的维护、保养		
			3）喷绘的操作程序及注意事项		
			4）喷绘基本笔画		
			5）喷绘模板展示		
			6）喷绘作品欣赏		
			7）综合技法喷绘操作程序及作品展示		
	3-3 内雕	内雕操作程序	1）内雕的基本要求	（1）方法：讲授法、演示法、观摩法、实物示教法等 （2）重点与难点：内雕操作程序	4
			2）操作程序		
			3）注意事项		
			4）内雕作品欣赏		
	3-4 外雕	外雕操作程序	1）水晶指甲外雕的基本要求	（1）方法：讲授法、演示法、观摩法、实物示教法等	5
			2）操作程序		

续表

模块	课程	学习单元	课程内容	培训建议	课堂学时
3．装饰指甲	3–4　外雕	外雕操作程序	3）外雕实例 4）外雕作品欣赏 5）注意事项	（2）重点与难点：外雕操作程序	
课堂学时合计					58

2.2.5　二级 / 技师职业技能培训课程规范

模块	课程	学习单元	课程内容	培训建议	课堂学时
1．装饰指甲	1–1　观赏型三维艺术指甲	观赏型三维艺术指甲	1）美甲设计材料基本知识 2）舞台艺术造型与美甲表演艺术 3）美学和化妆的基本知识 4）人体彩绘基本知识 5）服装造型基本知识 6）设计工作程序 ①明确设计主题 ②设计构思 ③材料工具 ④制作作品 ⑤注意事项	（1）方法：讲授法、演示法、观摩法、实物示教法等 （2）重点与难点：美甲设计材料基本知识及设计工作程序	8
	1–2　美甲艺术设计与制作	（1）平面美甲艺术设计与制作	1）平面指甲设计图概述 2）运用铅笔淡彩技法绘制平面指甲设计图 3）运用粉笔技法绘制平面指甲设计图	（1）方法：讲授法、演示法、观摩法、实物示教法等 （2）重点与难点：平面美甲艺术设计与制作	4
		（2）立体美甲艺术设计与制作	1）立体指甲造型设计 2）制作三维立体玫瑰花指甲造型	（1）方法：讲授法、演示法、观摩法、实物示教法等	4

续表

<table>
<tr><th>模块</th><th>课程</th><th>学习单元</th><th>课程内容</th><th>培训建议</th><th>课堂学时</th></tr>
<tr><td rowspan="2">1．装饰指甲</td><td rowspan="2">1–2 美甲艺术设计与制作</td><td rowspan="2">（2）立体美甲艺术设计与制作</td><td>3）制作三维立体马蹄莲指甲造型</td><td rowspan="2">（2）重点与难点：立体美甲艺术设计与制作</td><td rowspan="2"></td></tr>
<tr><td>4）注意事项</td></tr>
<tr><td rowspan="12">2．培训与指导</td><td rowspan="7">2–1 操作指导</td><td rowspan="7">操作指导</td><td>1）美甲职业技能培训定义</td><td rowspan="7">（1）方法：讲授法、演示法、案例教学法等
（2）重点与难点：美甲职业技能培训基本方法、美甲职业技能培训的操作程序</td><td rowspan="7">4</td></tr>
<tr><td>2）美甲职业技能培训的教学特点</td></tr>
<tr><td>3）美甲职业技能培训的基本方法</td></tr>
<tr><td>4）培训教学方法的选择</td></tr>
<tr><td>5）美甲技能培训的手段</td></tr>
<tr><td>6）美甲职业技能培训指导的特性</td></tr>
<tr><td>7）美甲职业技能培训的操作程序
①制定操作指导学习目标和教学内容
②选择操作指导教学方法
③评估操作指导的效果
④注意事项</td></tr>
<tr><td rowspan="5">2–2 理论培训</td><td rowspan="5">理论培训</td><td>1）美甲职业技能培训教师应掌握的相关知识</td><td rowspan="5">（1）方法：讲授法、演示法、案例教学法等</td><td rowspan="5">4</td></tr>
<tr><td>2）技能培训的教学环境</td></tr>
<tr><td>3）美甲专业基础理论知识的培训</td></tr>
<tr><td>4）美甲培训教学设计</td></tr>
<tr><td>5）专业基础理论知识培训的操作程序
①基础理论知识培训的需求分析</td></tr>
</table>

续表

模块	课程	学习单元	课程内容	培训建议	课堂学时
2．培训与指导	2-2 理论培训	理论培训	②制定基础理论知识培训的目标 ③制定基础理论知识培训的教学内容 ④选择基础理论知识培训的教学方法 ⑤评估基础理论知识培训的效果 ⑥注意事项	（2）重点与难点：专业基础理论知识培训的操作程序	
3．质量管理	3-1 解决工艺问题	（1）美甲教学质量管理	1）质量与质量管理	（1）方法：讲授法、演示法、案例教学法等 （2）重点与难点：美甲教学全面质量管理的原则	4
			2）全面质量管理的概念		
			3）美甲教学全面质量管理的原则		
			4）美甲教学全面质量管理的戴明环模式		
		（2）产品质量	1）产品质量概述	（1）方法：讲授法、演示法、案例教学法等 （2）重点与难点：美甲工艺问题的成因及解决方案	4
			2）美甲工艺问题的成因及解决方法		
	3-2 技术总结	技术总结撰写	1）撰写技术总结的方法	（1）方法：讲授法、演示法、案例教学法等 （2）重点与难点：撰写技术总结的工作程序	4
			2）技术总结的格式		
			3）撰写技术总结的工作程序 ①明确技术知识范畴 ②确定总结需要解决的问题 ③收集合理化建议 ④提炼技术新成果 ⑤总结撰写工作 ⑥注意事项		
课堂学时合计					36

2.2.6 一级 / 高级技师职业技能培训课程规范

模块	课程	学习单元	课程内容	培训建议	课堂学时
1．装饰指甲	1-1 制作复合型指甲	复合型指甲制作	1）复合型指甲概述 2）国内外美甲流行趋势 3）复合型艺术指甲赏析 4）工作程序 ①明确设计主题 ②确定色彩基调 ③完成整体构图 ④准备材料工具 ⑤喷绘背景铺垫 ⑥内雕填充 ⑦外雕 ⑧手绘、镶嵌构图 ⑨完成效果展示 ⑩注意事项	（1）方法：讲授法、演示法、观摩法、实物示教法等 （2）重点与难点：复合型指甲制作工作程序	8
	1-2 网络设计	用计算机进行美甲设计	1）计算机平面制图方法及专业美甲软件的使用 2）计算机使用基础知识 3）计算机平面设计制图软件 Photoshop 4）计算机指甲彩绘艺术 5）工作程序 ①以兰花为参照绘制美甲图案 ②指甲彩绘制作 ③注意事项	（1）方法：讲授法、演示法、观摩法、实物示教法等 （2）重点与难点：计算机美甲设计工作程序	8
2．培训与指导	2-1 操作指导	（1）教学设计	1）美甲培训教学设计原理 2）编写美甲培训讲义与设计板书	（1）方法：讲授法、演示法、案例教学法等	4

续表

模块	课程	学习单元	课程内容	培训建议	课堂学时
2. 培训与指导	2-1 操作指导	(1) 教学设计	3) 美甲培训需求分析	(2) 重点与难点：美甲培训讲义与设计板书	
			4) 注意事项		
		(2) 美甲技师培训	1) 美甲培训教学基本环节	(1) 方法：讲授法、演示法、案例教学法等 (2) 重点与难点：美甲培训教学基本环节	4
			2) 运用美甲师国家职业技能标准进行培训		
3. 技术创新与质量管理	3-1 技术创新	技术创新	1) 美甲新工艺的研发与组织管理方法	(1) 方法：讲授法、演示法、案例教学法等 (2) 重点与难点：美甲新工艺的研发与组织管理方法	6
			2) 美甲新技术的宣传与推广		
			3) 注意事项		
	3-2 质量管理	质量管理	1) 美甲店实施全面信息化质量管理的意义	(1) 方法：讲授法、演示法、案例教学法等 (2) 重点与难点：美甲店管理系统的功能结构及核心功能、美甲店计算机管理系统实施程序	8
			2) 信息化管理在美甲店的应用目的		
			3) 美甲店信息化管理现状		
			4) 利用计算机管理系统实现提升质量管理水平的手段		
			5) 美甲店管理系统的功能结构及核心功能		
			6) 美甲店计算机管理系统实施程序		
			7) 美甲店计算机管理系统应用实例		
			8) 注意事项		
课堂学时合计					38

2.2.7 培训建议中培训方法说明

1. 讲授法

讲授法指教师主要运用语言讲述，系统地向学员传授知识，传播思想理念。即教师通过叙述、描绘、解释、推论来传递信息、传授知识、阐明概念、论证定律和公式，引导学员获取知识，认识和分析问题。

2．讨论法

讨论法指在教师的指导下，学员以班级或小组为单位，围绕学习单元的内容，对某一专题进行深入探讨，通过讨论或辩论，从而获得知识或巩固知识的一种教学方法，要求教师在讨论结束时对讨论的主题做归纳性总结。

3．实训（练习）法

实训（练习）法指学员在教师的指导下巩固知识、运用知识，形成技能技巧的方法。通过实际操作的练习，形成操作技能。

4．参观法

参观法指教师组织或指导学员进行实地观察、调查、研究和学习，使学员获得新知识或巩固已学知识的教学方法。参观教学法可细分为准备性参观、并行性参观、总结性参观等。

5．演示法

演示法指在教学过程中，教师通过示范操作和讲解使学员获得知识、技能的教学方法。教学中，教师对操作内容进行现场演示，边操作边讲解，强调操作的关键步骤和注意事项，使学员边学边做，理论与技能并重，师生互动，提高学生的学习兴趣和学习效率。

6．案例教学法

案例教学法指通过对案例进行分析，提出问题，分析问题，并找到解决问题的途径和手段，培养学员分析问题、处理问题的能力。

7．项目教学法

项目教学法指以实际应用为目的，将理论知识与实际工作相结合，通过师生共同完成一个完整的项目工作，使学员获得知识和实践操作能力与解决实际问题能力的教学方法。其实施以小组为学习单位，步骤一般分为确定项目任务、计划、决策、实施、检查和评价 6 个步骤。强调学员在学习过程中的主体地位，以学员为中心，以学员学习为主、教师指导为辅，通过完成教学项目，激发学员的学习积极性，使学员既获得相关理论知识，又掌握实践技能和工作方法，提高学员解决实际问题的综合能力。

8．角色扮演法

角色扮演法指学员通过不同角色的扮演，体验自身角色的内涵活动和对方角色的心理，充分展现各种角色的“为”和“位”。

9．情景表演法

情景表演法指教师在实施培训前事先准备和布置培训现场，并设定情景表演的情景、对话内容及评估标准，通过学员现场的情景表演活动以及教师对活动效果的及时评估，从而达到培训的预期效果。

10．实物示教法

实物示教法指教师通过实物的操作演示或对学员实物操作演示的评价，实现对学员技能操作步骤和要领掌握情况的检查、纠错、修正，并演示正确操作方法的一种教学方法。

11．观摩法

观摩法指让学员通过现场观摩、观看视频等形式，学习、获取知识、技能的一种教学方法。

2.3 考核规范

2.3.1 职业基本素质培训考核规范

考核范围	考核比重%	培训内容（课程）	考核比重%	考核单元
1．职业概论	10	1–1　职业概述	5	职业概述
		1–2　美甲文化概论	5	（1）美甲与美手文化
				（2）美甲的基本概念和技术分类
2．职业道德和职业守则	6	2–1　职业道德	3	职业道德
		2–2　职业守则	3	职业守则
3．美甲师行为规范	6	3–1　美甲师的个人形象	3	美甲师的个人形象要求
		3–2　美甲师的服务礼仪	3	美甲师的服务礼仪
4．认识指甲	12	4–1　指甲概述	3	指甲的作用及组成
		4–2　指甲的生理结构及其作用	3	指甲的生理结构及其作用
		4–3　指甲的生长状况	3	指甲的生长状况

续表

考核范围	考核比重%	培训内容（课程）	考核比重%	考核单元
4．认识指甲	12	4–4　指甲的外形及护理技巧	3	指甲的外形及护理技巧
5．美甲产品与工具	40	5–1　常用美甲材料的种类、性能及用途	19	（1）必备品
				（2）特殊用品
		5–2　常用美甲工具的种类、性能及用途	19	（1）修剪用具
				（2）打磨用具
				（3）美甲设备
		5–3　安全用电常识	2	安全用电常识
6．美甲卫生常识	14	6–1　细菌常识	3	细菌常识
		6–2　美甲师的个人卫生	3	美甲师个人卫生要求
		6–3　美甲环境卫生	3	美甲环境卫生要求
		6–4　美甲用品及工具消毒	5	美甲用品及工具消毒要求
7．相关法律、法规知识	12	7–1　《中华人民共和国劳动法》相关知识	3	《中华人民共和国劳动法》相关知识
		7–2　《中华人民共和国消费者权益保护法》相关知识	3	《中华人民共和国消费者权益保护法》相关知识
		7–3　《中华人民共和国著作权法》相关知识	3	《中华人民共和国著作权法》相关知识
		7–4　《中华人民共和国环境保护法》相关知识	3	《中华人民共和国环境保护法》相关知识
	100		100	

2.3.2　五级 / 初级职业技能培训理论知识考核规范

考核范围	考核比重%	考核内容	考核比重%	考核单元
1．接待咨询	10	1–1　接待	5	规范化接待
		1–2　咨询	5	对顾客一般性美甲问题的解答
2．自然指甲的修饰与护理	20	2–1　自然指甲修饰	5	（1）自然指甲修饰基础

续表

考核范围	考核比重%	考核内容	考核比重%	考核单元
2．自然指甲的修饰与护理		2-1 自然指甲修饰		（2）指皮软化剂、营养油的选择与涂抹
				（3）底油、彩色甲油、亮油的选择与涂抹
				（4）清除指甲油
		2-2 自然指甲养护	10	（1）甲油烘干机的使用与保养
				（2）自然指甲基本护理
				（3）自然趾甲基本护理
		2-3 甲油胶的使用方法	5	自然指甲甲油胶的涂抹
3．手足部护理	12	3-1 手部皮肤养护	6	（1）肘关节以下部位的按摩
				（2）标准手护理
		3-2 足部皮肤养护	6	（1）膝关节以下部位的按摩
				（2）标准足护理
4．人造指甲的制作与卸除	30	4-1 制作贴片甲	20	（1）制作贴片甲基础
				（2）全贴贴片的制作
				（3）半贴贴片的制作
				（4）浅贴贴片的制作
		4-2 卸除贴片甲	10	（1）物理卸甲
				（2）化学卸甲
5．装饰指甲	28	5-1 彩妆指甲	10	（1）彩妆指甲基础
				（2）甲油勾绘
				（3）贴花
				（4）彩线粘贴
				（5）镶嵌
				（6）悬挂饰物
				（7）指尖珠宝
		5-2 手绘指甲	10	（1）手绘指甲基础
				（2）初级手绘指甲
				（3）法式修甲（法式手绘）
		5-3 甲油胶彩绘	8	甲油胶彩绘
	100		100	

2.3.3 五级 / 初级职业技能培训操作技能考核规范

考核范围	考核比重%	考核形式	选考方式	考核时间	重要程度
1．接待咨询	10	实操	必考	5	Y
2．自然指甲的修饰与护理	10	实操	必考	20	X
3．手足部护理	10	实操	必考	20	Y
4．人造指甲的制作与卸除	30	实操	必考	30	X
5．装饰指甲	40	实操	必考	20	X
	100				

2.3.4 四级 / 中级职业技能培训理论知识考核规范

<table>
<tr><th>考核范围</th><th>考核比重%</th><th>考核内容</th><th>考核比重%</th><th>考核单元</th></tr>
<tr><td rowspan="2">1．接待咨询</td><td rowspan="2">10</td><td>1-1　接待</td><td>5</td><td>通过观察了解顾客需求，并介绍适合的服务</td></tr>
<tr><td>1-2　咨询</td><td>5</td><td>根据不同场合提出美甲建议，并向顾客介绍维护保养知识</td></tr>
<tr><td rowspan="2">2．失调性指甲护理</td><td rowspan="2">20</td><td>2-1　失调性指甲的类型</td><td>16</td><td>失调性指甲的类型</td></tr>
<tr><td>2-2　修复咬残指甲</td><td>4</td><td>修复咬残指甲</td></tr>
<tr><td rowspan="2">3．手、足部皮肤养护</td><td rowspan="2">6</td><td>3-1　手部皮肤护理</td><td>3</td><td>手部皮肤护理</td></tr>
<tr><td>3-2　足部皮肤护理</td><td>3</td><td>足部皮肤护理</td></tr>
<tr><td rowspan="7">4．人造指甲的制作和卸除</td><td rowspan="7">44</td><td rowspan="7">4-1　制作水晶指甲</td><td rowspan="7">24</td><td>（1）水晶指甲制作基础</td></tr>
<tr><td>（2）半贴贴片水晶指甲制作</td></tr>
<tr><td>（3）浅贴贴片水晶指甲制作</td></tr>
<tr><td>（4）单色水晶指甲制作</td></tr>
<tr><td>（5）法式水晶指甲制作</td></tr>
<tr><td>（6）水晶指甲前缘出现裂缝的修补</td></tr>
<tr><td>（7）水晶指甲前缘出现破损、断裂时的修补</td></tr>
</table>

续表

考核范围	考核比重%	考核内容	考核比重%	考核单元
4．人造指甲的制作和卸除		4-1　制作水晶指甲		（8）水晶指甲后缘的修补
				（9）卸甲机卸除水晶指甲的方法
				（10）锡纸包扎卸除水晶指甲的方法
		4-2　制作凝胶指甲	20	（1）凝胶指甲的基础知识
				（2）光效凝胶指甲的制作
				（3）全贴丝绸指甲的制作
				（4）半贴贴片丝绸凝胶指甲的制作
				（5）自然凝胶指甲的制作
				（6）粉胶指甲的制作
				（7）凝胶指甲的修补和卸除
5．装饰指甲	20	手绘指甲	20	不同题材图案的绘制
	100		100	

2.3.5　四级／中级职业技能培训操作技能考核规范

考核范围	考核比重%	考核形式	选考方式	考核时间	重要程度
1．接待咨询	10	实操	必考	5	Y
2．失调性指甲护理	10	实操	必考	15	X
3．手、足部皮肤养护	20	实操	必考	20	Y
4．人造指甲的制作和卸除	40	实操	必考	40	X
5．装饰指甲	20	实操	必考	30	X
	100				

2.3.6 三级 / 高级职业技能培训理论知识考核规范

考核范围	考核比重 %	考核内容	考核比重 %	考核单元
1．接待咨询	15	1–1 接待	8	（1）世界技能大赛美甲英语词汇
				（2）日常美甲专用词汇
				（3）用英语接待外宾的工作流程
		1–2 咨询	7	（1）美甲问题的解答
				（2）美甲服务方案拟订方法
2．人造指甲的制作和卸除	45	2–1 制作水晶指甲	15	（1）高标准法式水晶指甲的要求及制作
				（2）电动打磨机修补水晶指甲的工作程序
		2–2 问题指甲的处理	10	（1）残甲修复
				（2）接断甲
				（3）畸形甲的矫正
				（4）灰指甲的成因及处理方法
				（5）霉变指甲的成因及处理方法
		2–3 光效凝胶指甲的制作与维护	20	光效凝胶指甲的制作与维护
3．装饰指甲	40	3–1 创意型手绘指甲	15	（1）手绘指甲基础
				（2）创意美甲设计
		3–2 喷绘	5	喷绘机的使用及喷绘操作
		3–3 内雕	10	内雕操作程序
		3–4 外雕	10	外雕操作程序
	100		100	

2.3.7 三级 / 高级职业技能培训操作技能考核规范

考核范围	考核比重 %	考核形式	选考方式	考核时间	重要程度
1．接待咨询	10	实操	必考	5	X
2．人造指甲的制作和卸除	45	实操	必考	60	X
3．装饰指甲	45	实操	必考	60	X
	100				

2.3.8 二级 / 技师职业技能培训理论知识考核规范

<table>
<tr><th>考核范围</th><th>考核比重
%</th><th>考核内容</th><th>考核比重
%</th><th>考核单元</th></tr>
<tr><td rowspan="3">1．装饰指甲</td><td rowspan="3">30</td><td>1-1 观赏型三维艺术指甲</td><td>15</td><td>观赏型三维艺术指甲</td></tr>
<tr><td rowspan="2">1-2 美甲艺术设计与制作</td><td rowspan="2">15</td><td>（1）平面美甲艺术设计与制作</td></tr>
<tr><td>（2）立体美甲艺术设计与制作</td></tr>
<tr><td rowspan="2">2．培训与指导</td><td rowspan="2">30</td><td>2-1 操作指导</td><td>15</td><td>操作指导</td></tr>
<tr><td>2-2 理论培训</td><td>15</td><td>理论培训</td></tr>
<tr><td rowspan="3">3．质量管理</td><td rowspan="3">40</td><td rowspan="2">3-1 解决工艺问题</td><td rowspan="2">30</td><td>（1）美甲教学质量管理</td></tr>
<tr><td>（2）产品质量</td></tr>
<tr><td>3-2 技术总结</td><td>10</td><td>技术总结撰写</td></tr>
<tr><td></td><td>100</td><td></td><td>100</td><td></td></tr>
</table>

2.3.9 二级 / 技师职业技能培训操作技能考核规范

考核范围	考核比重 %	考核形式	选考方式	考核时间	重要程度
1．装饰指甲	40	实操	必考	60	X
2．培训与指导	30	实操	必考	30	X
3．质量管理	30	实操	必考	30	X
	100				

2.3.10 一级 / 高级技师职业技能培训理论知识考核规范

<table>
<tr><th>考核范围</th><th>考核比重
%</th><th>考核内容</th><th>考核比重
%</th><th>考核单元</th></tr>
<tr><td rowspan="2">1．装饰指甲</td><td rowspan="2">40</td><td>1-1 制作复合型指甲</td><td>15</td><td>复合型指甲制作</td></tr>
<tr><td>1-2 网络设计</td><td>25</td><td>用计算机进行美甲设计</td></tr>
<tr><td rowspan="2">2．培训与指导</td><td rowspan="2">30</td><td rowspan="2">操作指导</td><td rowspan="2">30</td><td>（1）教学设计</td></tr>
<tr><td>（2）美甲技师培训</td></tr>
</table>

续表

考核范围	考核比重 %	考核内容	考核比重 %	考核单元
3．技术创新与质量管理	30	3–1　技术创新	15	技术创新
		3–2　质量管理	15	质量管理
	100		100	

2.3.11　一级/高级技师职业技能培训操作技能考核规范

考核范围	考核比重 %	考核形式	选考方式	考核时间	重要程度
1．装饰指甲	50	实操	必考	60	X
2．培训与指导	25	实操	必考	30	X
3．技术创新与质量管理	25	实操	必考	30	X
	100				

附录

培训要求与课程规范对照表

附录 1　职业基本素质培训要求与课程规范对照表

2.1.1　职业基本素质培训要求			2.2.1　职业基本素质培训课程规范			
职业基本素质模块（模块）	培训内容（课程）	培训细目	学习单元	课程内容	培训建议	课堂学时
1. 职业概论	1-1　职业概述	（1）美甲师概念 （2）美甲服务与美甲行业	职业概述	1）美甲师概念 2）美甲服务 3）美甲行业的发展	（1）方法：讲授法、案例教学法、参观法等 （2）重点与难点：美甲服务	1
	1-2　美甲文化概论	（1）美甲与美手文化 （2）美甲的基本概念和技术分类	（1）美甲与美手文化	1）美甲与美手文化的起源与发展 2）美甲与美手文化的表现形式 3）美甲与美手文化的主张 4）美甲与美手文化的特征	（1）方法：讲授法、案例教学法、观摩法等 （2）重点与难点：美甲与美手文化的起源与发展、美甲与美手文化的主张	1
			（2）美甲的基本概念和技术分类	1）美甲的基本概念 2）美甲的技术分类	（1）方法：讲授法、案例教学法、观摩法等 （2）重点与难点：美甲的技术分类	1
2. 职业道德和职业守则	2-1　职业道德	（1）职业道德 （2）职业道德与自身和企业的关系 （3）美甲师职业道德	职业道德	1）职业道德基本知识 2）职业道德与自身的发展 3）职业道德与企业的发展 4）美甲师应具备的职业道德	（1）方法：讲授法、案例教学法等 （2）重点与难点：职业道德基本知识、美甲师应具备的职业道德	2
	2-2　职业守则	（1）职业守则基本知识 （2）美甲师职业守则	职业守则	1）尊重顾客，服务热情 2）精心操作，保证质量 3）遵纪守法，爱护设备	（1）方法：讲授法、案例教学法等 （2）重点与难点：尊重顾客，服务热情	2
3. 美甲师行为规范	3-1　美甲师的个人形象	（1）美甲师形象与行为 （2）美甲师心理素质	美甲师的个人形象要求	1）美化自己的双手（双足） 2）注意自身行为细节 3）养成心态平和、不急不躁的工作作风 4）具备虚心好学、精益求精的心理素质	（1）方法：讲授法、案例教学法、情景表演法、演示法等 （2）重点与难点：具备虚心好学、精益求精的心理素质	1

续表

<table>
<tr><th colspan="3">2.1.1 职业基本素质培训要求</th><th colspan="4">2.2.1 职业基本素质培训课程规范</th></tr>
<tr><th>职业基本素质模块（模块）</th><th>培训内容（课程）</th><th>培训细目</th><th>学习单元</th><th>课程内容</th><th>培训建议</th><th>课堂学时</th></tr>
<tr><td rowspan="4">3．美甲师行为规范</td><td rowspan="4">3-2 美甲师的服务礼仪</td><td rowspan="4">（1）美甲师基本礼仪
（2）美甲师工作态度、职责与方法</td><td rowspan="4">美甲师的服务礼仪</td><td>1）礼仪的基本知识</td><td rowspan="4">（1）方法：讲授法、案例教学法、情景表演法、演示法等
（2）重点与难点：美甲师工作态度、职责与方法</td><td rowspan="4">1</td></tr>
<tr><td>2）美甲师应具有的工作态度</td></tr>
<tr><td>3）美甲师应明确的工作职责</td></tr>
<tr><td>4）美甲师应掌握的工作方法</td></tr>
<tr><td rowspan="27">4．认识指甲</td><td rowspan="12">4-1 指甲概述</td><td rowspan="12">（1）指甲的作用
（2）指甲的组成</td><td rowspan="12">指甲的作用及组成</td><td>1）指甲的作用</td><td rowspan="12">（1）方法：讲授法、实物示教法等
（2）重点与难点：指甲的组成</td><td rowspan="12">1</td></tr>
<tr><td>2）甲母</td></tr>
<tr><td>3）甲根</td></tr>
<tr><td>4）指皮</td></tr>
<tr><td>5）指甲后缘</td></tr>
<tr><td>6）甲弧</td></tr>
<tr><td>7）甲板</td></tr>
<tr><td>8）甲床</td></tr>
<tr><td>9）指甲前缘</td></tr>
<tr><td>10）指芯</td></tr>
<tr><td>11）甲沟</td></tr>
<tr><td>12）甲壁</td></tr>
<tr><td rowspan="8">4-2 指甲的生理结构及其作用</td><td rowspan="8">（1）指甲的生理结构
（2）指甲各结构的作用</td><td rowspan="8">指甲的生理结构及其作用</td><td>1）指甲后缘</td><td rowspan="8">（1）方法：讲授法、实物示教法等
（2）重点与难点：指甲的生理结构及其作用</td><td rowspan="8">1</td></tr>
<tr><td>2）甲母</td></tr>
<tr><td>3）角质层和指皮</td></tr>
<tr><td>4）指甲板</td></tr>
<tr><td>5）甲弧</td></tr>
<tr><td>6）甲床</td></tr>
<tr><td>7）血液和神经供给</td></tr>
<tr><td>8）骨</td></tr>
<tr><td rowspan="6">4-3 指甲的生长状况</td><td rowspan="6">指甲的生长状况</td><td rowspan="6">指甲的生长状况</td><td>1）指甲板的生长</td><td rowspan="6">（1）方法：讲授法、案例教学法等
（2）重点与难点：指甲板的生长、指甲板的化学成分、溶剂的作用</td><td rowspan="6">1</td></tr>
<tr><td>2）血液正常循环的作用</td></tr>
<tr><td>3）强度和柔韧性</td></tr>
<tr><td>4）指甲板的化学成分</td></tr>
<tr><td>5）坚固的指甲板</td></tr>
<tr><td>6）溶剂的作用</td></tr>
<tr><td>4-4 指甲的外形及护理技巧</td><td>（1）指甲的外形
（2）指甲的护理技巧</td><td>指甲的外形及护理技巧</td><td>1）指甲的外形
①指甲板的形状
②指甲前缘的形状</td><td>（1）方法：讲授法、实训（练习）法等</td><td>1</td></tr>
</table>

续表

2.1.1　职业基本素质培训要求			2.2.1　职业基本素质培训课程规范			
职业基本素质模块（模块）	培训内容（课程）	培训细目	学习单元	课程内容	培训建议	课堂学时
4．认识指甲	4–4　指甲的外形及护理技巧	（1）指甲的外形 （2）指甲的护理技巧	指甲的外形及护理技巧	2）指甲前缘形状的修整技巧	（2）重点与难点：指甲的护理技巧	
				3）指甲的护理技巧		
5．美甲产品与工具	5–1　常用美甲材料的种类、性能及用途	（1）常用美甲材料的种类 （2）常用美甲材料的性能 （3）常用美甲材料的用途	（1）必备品	1）消毒液	（1）方法：讲授法、实物示教法、实训（练习）法等 （2）重点与难点：必备品的种类和用途	2
				2）消毒液容器		
				3）酒精（浓度为75%的乙醇溶液）		
				4）碘酒		
				5）云南白药		
				6）创可贴		
				7）营养油		
				8）底油		
				9）指甲精华素		
				10）彩色指甲油		
				11）亮油		
				12）棉球		
				13）棉球容器		
				14）橘木棒		
				15）粉尘刷		
				16）浸手碗		
				17）毛巾		
				18）小剪刀		
				19）小镊子		
				20）玻璃碗		
				21）隔趾海绵		
				22）垃圾袋		
				23）一次性纸巾		
				24）刮刀		
				25）甲片盒		
				26）彩色指甲油色板		
				27）水晶指甲练习板		
				28）甲油点花笔		
				29）丙烯染料		
				30）调色盘		
				31）锡纸		
				32）卸甲棉		
				33）足部护理套装		

续表

2.1.1 职业基本素质培训要求			2.2.1 职业基本素质培训课程规范			
职业基本素质模块（模块）	培训内容（课程）	培训细目	学习单元	课程内容	培训建议	课堂学时
5．美甲产品与工具	5-1 常用美甲材料的种类、性能及用途	（1）常用美甲材料的种类 （2）常用美甲材料的性能 （3）常用美甲材料的用途	（2）特殊用品	1）卸甲水 2）丙酮溶液 3）护理浸液 4）指皮软化剂 5）去角质霜 6）按摩霜 7）细腻精华霜 8）细腻清洁乳 9）细腻姜糖磨砂膏 10）指甲油稀释剂 11）指甲贴片 12）贴片胶 13）接痕溶解剂 14）消毒干燥黏合剂 15）平稳托 16）指托板 17）水晶笔 18）甲液杯 19）水晶甲液 20）水晶粉 21）洗笔水 22）C 弧定型器 23）人造指甲卸甲水 24）抛光蜡 25）甲油胶 26）凝胶 27）速干剂 28）基础胶 29）中层胶 30）彩色胶 31）彩油胶 32）封面胶 33）粉胶甲 34）雕花胶 35）凝胶笔 36）凝胶灯	（1）方法：讲授法、实物示教法、实训（练习）法等	2

续表

<table>
<tr><th colspan="3">2.1.1 职业基本素质培训要求</th><th colspan="4">2.2.1 职业基本素质培训课程规范</th></tr>
<tr><th>职业基本素质模块（模块）</th><th>培训内容（课程）</th><th>培训细目</th><th>学习单元</th><th>课程内容</th><th>培训建议</th><th>课堂学时</th></tr>
<tr><td rowspan="35">5．美甲产品与工具</td><td rowspan="8">5-1 常用美甲材料的种类、性能及用途</td><td rowspan="8">（1）常用美甲材料的种类
（2）常用美甲材料的性能
（3）常用美甲材料的用途</td><td rowspan="8">（2）特殊用品</td><td>37）清洁剂</td><td rowspan="8">（2）重点与难点：特殊用品的种类和用途</td><td rowspan="8"></td></tr>
<tr><td>38）漂白剂</td></tr>
<tr><td>39）小苏打</td></tr>
<tr><td>40）人造钻石、吊饰</td></tr>
<tr><td>41）拷贝纸</td></tr>
<tr><td>42）彩绘笔</td></tr>
<tr><td>43）雕花笔</td></tr>
<tr><td>44）黑卡纸</td></tr>
<tr><td rowspan="27">5-2 常用美甲工具的种类、性能及用途</td><td rowspan="27">（1）常用美甲工具的种类
（2）常用美甲工具的性能
（3）常用美甲工具的用途</td><td rowspan="6">（1）修剪用具</td><td>1）U 形剪</td><td rowspan="6">（1）方法：讲授法、实物示教法、实训（练习）法等
（2）重点与难点：修剪用具的种类和用途</td><td rowspan="6">1</td></tr>
<tr><td>2）水晶钳</td></tr>
<tr><td>3）指甲刀</td></tr>
<tr><td>4）指皮推</td></tr>
<tr><td>5）V 形推叉</td></tr>
<tr><td>6）指皮剪</td></tr>
<tr><td rowspan="15">（2）打磨用具</td><td>1）去角质磨头</td><td rowspan="15">（1）方法：讲授法、实物示教法、实训（练习）法等
（2）重点与难点：打磨用具的种类和用途</td><td rowspan="15">2</td></tr>
<tr><td>2）打磨磨头</td></tr>
<tr><td>3）修形磨头</td></tr>
<tr><td>4）UNC 磨头</td></tr>
<tr><td>5）短甲清洁磨头</td></tr>
<tr><td>6）抛光磨头</td></tr>
<tr><td>7）陶瓷打磨砂条</td></tr>
<tr><td>8）100 号打磨砂条</td></tr>
<tr><td>9）180 号打磨砂条</td></tr>
<tr><td>10）砂棒</td></tr>
<tr><td>11）搓脚板</td></tr>
<tr><td>12）刮脚刀</td></tr>
<tr><td>13）抛光海绵</td></tr>
<tr><td>14）自然甲抛光块（抛光条）</td></tr>
<tr><td>15）抛光皮搓</td></tr>
<tr><td rowspan="6">（3）美甲设备</td><td>1）柜子</td><td rowspan="6">（1）方法：讲授法、实物示教法、实训（练习）法等</td><td rowspan="6">2</td></tr>
<tr><td>2）美甲工作台</td></tr>
<tr><td>3）台灯</td></tr>
<tr><td>4）托盘</td></tr>
<tr><td>5）美甲作品展示板</td></tr>
<tr><td>6）垫枕</td></tr>
</table>

续表

<table>
<tr><th colspan="3">2.1.1　职业基本素质培训要求</th><th colspan="4">2.2.1　职业基本素质培训课程规范</th></tr>
<tr><th>职业基本素质模块（模块）</th><th>培训内容（课程）</th><th>培训细目</th><th>学习单元</th><th>课程内容</th><th>培训建议</th><th>课堂学时</th></tr>
<tr><td rowspan="26">5．美甲产品与工具</td><td rowspan="24">5-2　常用美甲工具的种类、性能及用途</td><td rowspan="24">（1）常用美甲工具的种类
（2）常用美甲工具的性能
（3）常用美甲工具的用途</td><td rowspan="24">（3）美甲设备</td><td>7）工作椅</td><td rowspan="24">（2）重点与难点：美甲设备的种类和用途</td><td rowspan="24"></td></tr>
<tr><td>8）顾客椅</td></tr>
<tr><td>9）足护理专用凳</td></tr>
<tr><td>10）蒸汽足浴桶</td></tr>
<tr><td>11）工具箱</td></tr>
<tr><td>12）足浴盆</td></tr>
<tr><td>13）蜡膜机</td></tr>
<tr><td>14）干裂手护理机</td></tr>
<tr><td>15）烘干机</td></tr>
<tr><td>16）电动打磨机</td></tr>
<tr><td>17）喷绘泵</td></tr>
<tr><td>18）喷绘枪</td></tr>
<tr><td>19）喷绘模板</td></tr>
<tr><td>20）超声波脱甲机</td></tr>
<tr><td>21）空气清新灯</td></tr>
<tr><td>22）有喷嘴的塑料瓶</td></tr>
<tr><td>23）手指托</td></tr>
<tr><td>24）手模型</td></tr>
<tr><td>25）打孔钻</td></tr>
<tr><td>26）尖嘴钳</td></tr>
<tr><td>27）名签</td></tr>
<tr><td>28）工作服</td></tr>
<tr><td>29）钻石盒</td></tr>
<tr><td>30）消毒柜</td></tr>
<tr><td rowspan="2">5-3　安全用电常识</td><td rowspan="2">（1）安全用电基本要求
（2）安全事故处理方法</td><td rowspan="2">安全用电常识</td><td>1）安全用电注意事项</td><td rowspan="2">（1）方法：讲授法、案例教学法等
（2）重点与难点：安全用电注意事项</td><td rowspan="2">1</td></tr>
<tr><td>2）安全事故的处理</td></tr>
<tr><td rowspan="6">6．美甲卫生常识</td><td rowspan="4">6-1　细菌常识</td><td rowspan="4">（1）细菌的种类、形状
（2）细菌的繁殖与传播</td><td rowspan="4">细菌常识</td><td>1）细菌的种类</td><td rowspan="4">（1）方法：讲授法等
（2）重点与难点：细菌的繁殖与传播</td><td rowspan="4">1</td></tr>
<tr><td>2）细菌的形状</td></tr>
<tr><td>3）细菌的生长繁殖</td></tr>
<tr><td>4）细菌的传播</td></tr>
<tr><td rowspan="2">6-2　美甲师个人卫生</td><td rowspan="2">（1）美甲师清洁卫生要求
（2）美甲师服饰要求</td><td rowspan="2">美甲师个人卫生要求</td><td>1）勤洗澡，每天保持清洁</td><td rowspan="2">（1）方法：讲授法、演示法、案例教学法等</td><td rowspan="2">1</td></tr>
<tr><td>2）避免共用毛巾、茶杯等生活用品</td></tr>
</table>

续表

2.1.1 职业基本素质培训要求			2.2.1 职业基本素质培训课程规范			
职业基本素质模块（模块）	培训内容（课程）	培训细目	学习单元	课程内容	培训建议	课堂学时
6．美甲卫生常识	6–2 美甲师个人卫生	（1）美甲师清洁卫生要求 （2）美甲师服饰要求	美甲师个人卫生要求	3）避免口腔异味 4）定期体检 5）平时衣着要洁净、合体、有个性 6）保持手和指甲的清洁，操作前后要洗手 7）勿戴过于花哨的首饰	（2）重点与难点：美甲师个人卫生要求	
	6–3 美甲环境卫生	美甲工作环境卫生要求	美甲环境卫生要求	1）工作环境无尘 2）工作环境明亮、通风 3）冷、热水供应充足 4）电线、电器接头安全 5）卫生间卫生、整洁 6）不得饲养宠物	（1）方法：讲授法、演示法、案例教学法等 （2）重点与难点：美甲环境要求	1
	6–4 美甲用品及工具消毒	（1）美甲用品消毒要求 （2）美甲工具消毒要求	美甲用品及工具消毒要求	1）美甲用品及工具消毒的意义 2）美甲用品及工具消毒的原则 3）美甲用品及工具消毒的方法	（1）方法：讲授法、演示法、实训（练习）法等 （2）重点与难点：美甲用品及工具的消毒方法	1
7．相关法律、法规知识	7–1 《中华人民共和国劳动法》相关知识	（1）《中华人民共和国劳动法》概述 （2）《中华人民共和国劳动法》相关知识要点解析	《中华人民共和国劳动法》相关知识	1）《中华人民共和国劳动法》概述 2）劳动合同 3）工作时间和休息、休假 4）工资 5）劳动安全卫生 6）女职工和未成年工特殊保护	（1）方法：讲授法、案例教学法等 （2）重点与难点：劳动法要点解析	1
	7–2 《中华人民共和国消费者权益保护法》相关知识	（1）《中华人民共和国消费者权益保护法》概述 （2）《中华人民共和国消费者权益保护法》要点解析	《中华人民共和国消费者权益保护法》相关知识	1）《中华人民共和国消费者权益保护法》概述 2）目标和适用范围 3）消费者的权利 4）经营者的义务 5）消费者合法权益的保护 6）本职业应用	（1）方法：讲授法、案例教学法等 （2）重点与难点：消费者权益法要点解析	1
	7–3 《中华人民共和国著作权法》相关知识	（1）《中华人民共和国著作权法》概述	《中华人民共和国著作权法》相关知识	1）著作权的概念 2）目标和适用范围 3）著作权的保护期	（1）方法：讲授法、案例教学法等	1

续表

2.1.1 职业基本素质培训要求			2.2.1 职业基本素质培训课程规范			
职业基本素质模块（模块）	培训内容（课程）	培训细目	学习单元	课程内容	培训建议	课堂学时
7．相关法律、法规知识	7-3 《中华人民共和国著作权法》相关知识	（2）《中华人民共和国著作权法》要点解析	《中华人民共和国著作权法》相关知识	4）著作权许可使用合同	（2）重点与难点：《中华人民共和国著作权法》要点解析	
				5）著作权人及其权利		
				6）本职业应用		
	7-4 《中华人民共和国环境保护法》相关知识	（1）《中华人民共和国环境保护法》概述 （2）《中华人民共和国环境保护法》要点解析	《中华人民共和国环境保护法》相关知识	1）《中华人民共和国环境保护法》概述	（1）方法：讲授法、案例教学法等 （2）重点与难点：《中华人民共和国环境保护法》要点解析	1
				2）目标和适用范围		
				3）本职业应用		
课堂学时合计						31

附录2 五级/初级职业技能培训要求与课程规范对照表

2.1.2 五级/初级职业技能培训要求				2.2.2 五级/初级职业技能培训课程规范			
职业功能模块（模块）	工作内容（课程）	技能目标	培训细目	学习单元	课程内容	培训建议	课堂学时
1．接待咨询	1-1 接待	能使用文明礼貌用语，向顾客介绍服务项目和收费标准	（1）使用文明礼貌用语 （2）向顾客介绍服务项目和收费标准	规范化接待	1）各类美甲服务项目名称	（1）方法：讲授法、案例教学法、角色扮演法等 （2）重点与难点：规范化服务程序	2
					2）各类美甲服务项目收费标准		
					3）规范化服务程序		
	1-2 咨询	能回答顾客提出的一般性美甲问题	对顾客一般性美甲问题的解答	对顾客一般性美甲问题的解答	1）询问	（1）方法：讲授法、案例教学法、角色扮演法等 （2）重点与难点：解答与沟通	2
					2）解答		
					3）沟通		
					4）确认		
					5）注意事项		
2．自然指甲的修饰与护理	2-1 自然指甲修饰	能选择、涂抹营养油、指皮软化剂、底油、彩油和亮油	（1）选择、涂抹营养油 （2）选择、涂抹指皮软化剂	（1）自然指甲修饰基础	1）棉签的使用	（1）方法：讲授法、演示法、观摩法、实物示教法、实训（练习）法等 （2）重点与难点：棉签的制作	1
					2）棉签的制作		
				（2）指皮软化剂、营养油的选择与涂抹	1）指皮软化剂、营养油选择原则	（1）方法：讲授法、演示法、观摩法、实物示教法、实训（练习）法等	1

续表

2.1.2 五级 / 初级职业技能培训要求				2.2.2 五级 / 初级职业技能培训课程规范			
职业功能模块（模块）	工作内容（课程）	技能目标	培训细目	学习单元	课程内容	培训建议	课堂学时
2．自然指甲的修饰与护理	2-1 自然指甲修饰	能选择、涂抹营养油、指皮软化剂、底油、彩油和亮油	(3) 选择、涂抹底油 (4) 选择、涂抹彩油 (5) 选择、涂抹亮油	(2) 指皮软化剂、营养油的选择与涂抹	2) 指皮软化剂、营养油的涂抹方法	(2) 重点与难点：指皮软化剂、营养油的涂抹方法	
				(3) 底油、彩色甲油、亮油的选择与涂抹	1) 底油、彩色甲油、亮油的选择原则	(1) 方法：讲授法、演示法、观摩法、实物示教法、实训（练习）法等 (2) 重点与难点：涂抹底油、彩色甲油、亮油的步骤与要领	1
					2) 涂抹底油、彩色甲油、亮油的步骤与要领		
				(4) 清除指甲油	1) 使用棉花清除指甲油	(1) 方法：讲授法、演示法、观摩法、实物示教法、实训（练习）法等 (2) 重点与难点：使用棉签清除指甲油	1
					2) 使用棉签清除指甲油		
	2-2 自然指甲护理	能按规范程序对自然指甲进行消毒、清洁、修形、推剪指皮和表面抛光	(1) 按规范程序对自然指甲进行消毒 (2) 按规范程序对自然指甲进行清洁 (3) 按规范程序对自然指甲进行修形 (4) 按规范程序对自然指甲进行推剪指皮 (5) 按规范程序对自然指甲进行表面抛光	(1) 甲油烘干机的使用与保养	1) 甲油快速干燥方法	(1) 方法：讲授法、演示法、观摩法、实物示教法等 (2) 重点与难点：甲油快速干燥方法	1
					2) 甲油烘干机的安全使用与维护保养知识		
				(2) 自然指甲基本护理	1) 服务项目	(1) 方法：讲授法、演示法、观摩法、实训（练习）法等 (2) 重点与难点：自然指甲基本护理	2
					2) 服务用品		
					3) 工作准备		
					4) 工作程序		
					5) 注意事项		
				(3) 自然趾甲基本护理	1) 服务项目	(1) 方法：讲授法、演示法、观摩法、实训（练习）法等 (2) 重点与难点：自然趾甲基本护理	2
					2) 服务用品		
					3) 工作准备		
					4) 工作程序		
					5) 注意事项		
	2-3 甲油胶的使用方法	甲油胶的使用	自然指甲甲油胶的涂抹	自然指甲甲油胶的涂抹	1) 服务项目	(1) 方法：讲授法、演示法、观摩法、实物示教法等	2
					2) 服务用品		
					3) 工作准备		

续表

2.1.2　五级 / 初级职业技能培训要求				2.2.2　五级 / 初级职业技能培训课程规范			
职业功能模块（模块）	工作内容（课程）	技能目标	培训细目	学习单元	课程内容	培训建议	课堂学时
2．自然指甲的修饰与护理	2-3　甲油胶的使用方法	甲油胶的使用	自然指甲甲油胶的涂抹	自然指甲甲油胶的涂抹	4）甲油胶涂抹操作步骤	（2）重点与难点：自然指甲甲油胶的涂抹	
					5）注意事项		
3．手足部护理	3-1　手部皮肤养护	3-1-1　能按规范手法进行肘关节以下部位的按摩	按摩肘关节以下部位	（1）肘关节以下部位的按摩	1）手部穴位	（1）方法：讲授法、演示法、观摩法、实物示教法、实训（练习）法等 （2）重点与难点：肘关节部位以下的规范按摩手法	2
					2）肘关节部位以下的规范按摩手法		
		3-1-2　能按规定操作程序对手部皮肤进行清洁、消毒	（1）手部皮肤清洁 （2）手部皮肤消毒	（2）标准手护理	1）蜡疗仪的使用及维护保养	（1）方法：讲授法、演示法、观摩法、实物示教法、实训（练习）法等 （2）重点与难点：标准手护理工作程序	2
					2）电热手套的使用及维护保养		
		3-1-3　能进行手部深层皮肤护理	手部深层皮肤护理		3）标准手护理工作程序		
	3-2　足部皮肤养护	3-2-1　能按规范手法进行膝关节以下部位的按摩	按摩膝关节以下部位	（1）膝关节以下部位的按摩	1）足部穴位	（1）方法：讲授法、演示法、观摩法、实物示教法、实训（练习）法等 （2）重点与难点：膝关节部位以下的规范按摩手法	2
					2）膝关节部位以下的规范按摩手法		
		3-2-2　能按规定操作程序对足部皮肤进行清洁、消毒	（1）足部皮肤清洁 （2）足部皮肤消毒	（2）标准足护理	1）电热足套的使用及维护保养	（1）方法：讲授法、演示法、观摩法、实物示教法、实训（练习）法等 （2）重点与难点：标准足护理工作程序	2
		3-2-3　能去除足趾部的死皮及足茧	去除足趾部的死皮及足茧		2）标准足护理工作程序		
		3-2-4　能进行足部深层皮肤护理	足部深层皮肤护理				
4．人造指甲的制作与卸除	4-1　制作贴片甲	4-1-1　能在自然指甲上用甲片胶粘贴全贴片、半贴片和浅贴片	（1）自然指甲上用甲片胶粘贴全贴片	（1）制作贴片甲基础	1）贴片的种类和用途	（1）方法：讲授法、演示法、观摩法、实物示教法、实训（练习）法等	2

续表

2.1.2　五级 / 初级职业技能培训要求				2.2.2　五级 / 初级职业技能培训课程规范			
职业功能模块（模块）	工作内容（课程）	技能目标	培训细目	学习单元	课程内容	培训建议	课堂学时
4．人造指甲的制作与卸除	4–1　制作贴片甲	4–1–1　能在自然指甲上用甲片胶粘贴全贴片、半贴片和浅贴片	（2）自然指甲上用甲片胶粘贴半贴片 （3）自然指甲上用甲片胶粘贴浅贴片	（1）制作贴片甲基础	2）贴片胶的使用方法 3）去除指甲贴片接痕的方法	（2）重点与难点：去除指甲贴片接痕的方法	
				（2）全贴贴片的制作	1）服务项目 2）服务用品 3）工作准备 4）操作步骤 5）注意事项	（1）方法：讲授法、演示法、观摩法、实训（练习）法等 （2）重点与难点：全贴贴片的制作	1
		4–1–2　能去除贴片的接痕	贴片接痕的去除	（3）半贴贴片的制作	1）服务项目 2）服务用品 3）工作准备 4）操作步骤 5）注意事项	（1）方法：讲授法、演示法、观摩法、实训（练习）法等 （2）重点与难点：半贴贴片的制作	2
				（4）浅贴贴片的制作	1）服务项目 2）服务用品 3）工作准备 4）操作步骤 5）注意事项	（1）方法：讲授法、演示法、观摩法、实训（练习）法等 （2）重点与难点：浅贴贴片的制作	2
	4–2　卸除贴片甲	能使用卸甲液安全地卸除贴片甲	（1）物理方法卸除甲片 （2）化学方法卸除甲片	（1）物理卸甲	1）电动打磨机及其操作流程、手法 2）锆石磨头 3）粉尘收纳机 4）打磨机操作流程及手法 5）物理卸甲的操作流程 6）注意事项	（1）方法：讲授法、演示法、观摩法、实训（练习）法等 （2）重点与难点：打磨机物理卸甲的操作	2
				（2）化学卸甲	1）卸甲机构造 2）卸甲机卸除方法 3）锡纸包扎卸除法 4）注意事项	（1）方法：讲授法、演示法、观摩法、实训（练习）法等 （2）重点与难点：卸甲机卸除方法	2

续表

2.1.2 五级 / 初级职业技能培训要求				2.2.2 五级 / 初级职业技能培训课程规范			
职业功能模块（模块）	工作内容（课程）	技能目标	培训细目	学习单元	课程内容	培训建议	课堂学时
5．装饰指甲	5-1 彩妆指甲	5-1-1 能使用指甲油勾绘指甲	（1）彩妆指甲勾绘基本原理 （2）彩妆指甲勾绘基本操作	（1）彩妆指甲基础	1）色彩及构图基本原理 2）勾绘的规范操作程序和注意事项	（1）方法：讲授法、演示法、观摩法等 （2）重点与难点：色彩及构图基本原理	2
				（2）甲油勾绘	1）服务项目 2）服务用品 3）工作准备 4）操作步骤 5）甲油勾绘实例 6）注意事项	（1）方法：讲授法、演示法、观摩法、实训（练习）法等 （2）重点与难点：甲油勾绘	2
		5-1-2 能使用贴花、钻石、吊饰等装饰性材料装饰指甲	（1）贴花装饰方法 （2）彩线粘贴装饰方法 （3）镶嵌装饰方法 （4）悬挂饰物装饰方法	（3）贴花	1）服务项目 2）服务用品 3）工作准备 4）操作步骤 5）贴花实例 6）注意事项	（1）方法：讲授法、演示法、观摩法、实训（练习）法等 （2）重点与难点：贴花	2
				（4）彩线粘贴	1）服务项目 2）服务用品 3）工作准备 4）操作步骤 5）彩线粘贴实例 6）注意事项	（1）方法：讲授法、演示法、观摩法、实训（练习）法等 （2）重点与难点：彩线粘贴	2
				（5）镶嵌	1）服务项目 2）服务用品 3）工作准备 4）操作步骤 5）镶嵌实例 6）注意事项	（1）方法：讲授法、演示法、观摩法、实训（练习）法等 （2）重点与难点：镶嵌	2
				（6）悬挂饰物	1）服务项目 2）服务用品 3）工作准备 4）操作步骤 5）悬挂饰物实例 6）注意事项	（1）方法：讲授法、演示法、观摩法、实训（练习）法等 （2）重点与难点：悬挂饰物	2

续表

<table>
<tr><th colspan="4">2.1.2　五级 / 初级职业技能培训要求</th><th colspan="4">2.2.2　五级 / 初级职业技能培训课程规范</th></tr>
<tr><th>职业功能模块（模块）</th><th>工作内容（课程）</th><th>技能目标</th><th>培训细目</th><th>学习单元</th><th>课程内容</th><th>培训建议</th><th>课堂学时</th></tr>
<tr><td rowspan="5">5. 装饰指甲</td><td>5-1　彩妆指甲</td><td>5-1-2　能使用贴花、钻石、吊饰等装饰性材料装饰指甲</td><td>（5）指尖珠宝装饰方法</td><td>（7）指尖珠宝</td><td>1）服务项目
2）服务用品
3）工作准备
4）操作步骤
5）指尖珠宝实例
6）注意事项</td><td>（1）方法：讲授法、演示法、观摩法、实训（练习）法等
（2）重点与难点：指尖珠宝</td><td>2</td></tr>
<tr><td rowspan="3">5-2　手绘指甲</td><td rowspan="3">能手绘线条、点及简单的花卉图案</td><td rowspan="3">（1）手绘线条
（2）手绘点
（3）手绘简单花卉图案</td><td>（1）手绘指甲基础</td><td>1）手绘指甲的分类
2）多功能甲油绘画笔的使用方法</td><td>（1）方法：讲授法、演示法、观摩法、实物示教法等
（2）重点与难点：多功能甲油绘画笔的使用方法</td><td>2</td></tr>
<tr><td>（2）初级手绘指甲</td><td>1）手绘指甲的基础方法
2）初级手绘指甲的方法</td><td>（1）方法：讲授法、演示法、观摩法、实训（练习）法等
（2）重点与难点：初级手绘指甲的方法</td><td>4</td></tr>
<tr><td>（3）法式修甲（法式手绘）</td><td>法式修甲（法式手绘）的方法</td><td>（1）方法：讲授法、演示法、观摩法、实训（练习）法等
（2）重点与难点：法式修甲（法式手绘）的方法</td><td>4</td></tr>
<tr><td>5-3　甲油胶彩绘</td><td>能进行甲油胶彩绘</td><td>（1）甲油胶彩绘方法
（2）甲油胶彩绘操作</td><td>甲油胶彩绘</td><td>1）甲油胶彩绘的工作程序
2）甲油胶彩绘的方法
3）搭配的魅力</td><td>（1）方法：讲授法、演示法、观摩法、实训（练习）法等
（2）重点与难点：甲油胶彩绘的工作程序</td><td>10</td></tr>
<tr><td colspan="7">课堂学时合计</td><td>68</td></tr>
</table>

附录 3　四级 / 中级职业技能培训要求与课程规范对照表

2.1.3　四级 / 中级职业技能培训要求				2.2.3　四级 / 中级职业技能培训课程规范			
职业功能模块（模块）	工作内容（课程）	技能目标	培训细目	学习单元	课程内容	培训建议	课堂学时
1．接待咨询	1-1　接待	1-1-1　能通过观察，了解不同顾客的心理需求 1-1-2　能介绍各类服务项目的特点	（1）观察并了解顾客的需求 （2）介绍各类美甲服务的特点	通过观察了解顾客需求，并介绍适合的服务	1）不同类型顾客的心理需求特点 2）影响顾客需求的因素 3）各类美甲服务项目的特色 4）服务心理学的相关知识 5）注意事项	（1）方法：讲授法、案例教学法、角色扮演法等 （2）重点与难点：各类美甲服务项目的特点	4
	1-2　咨询	1-2-1　能提出美甲服务建议 1-2-2　能向顾客介绍美甲后的维护保养常识	（1）根据不同场合提出美甲服务建议 （2）美甲维护保养知识的介绍	根据不同场合提出美甲建议，并向顾客介绍维护保养知识	1）不同场合的美甲需求特点 2）美甲后的维护保养常识 3）工作程序 ①询问 ②解答 ③沟通 ④确认 4）注意事项	（1）方法：讲授法、案例教学法、角色扮演法等 （2）重点与难点：美甲后的维护保养常识	4
2．失调性指甲护理	2-1　失调性指甲的类型	能对失调性指甲进行针对性护理	（1）能根据不同的失调性指甲的类型提出养护方案 （2）失调性指甲的护理操作	失调性指甲的类型	1）指甲萎缩 2）咬残的指甲 3）灰指甲 4）指甲淤血 5）甲沟皲裂 6）指甲起皱 7）蛋壳形指甲 8）甲刺 9）嵌甲 10）指甲皮过长 11）指甲过宽或过厚 12）甲脊 13）指甲破裂 14）白甲 15）指甲分离 16）指甲脱落 17）甲床、甲沟发炎 18）注意事项	（1）方法：讲授法、演示法、观摩法、实物示教法等 （2）重点与难点：失调性指甲的类型	8

续表

2.1.3 四级 / 中级职业技能培训要求				2.2.3 四级 / 中级职业技能培训课程规范			
职业功能模块（模块）	工作内容（课程）	技能目标	培训细目	学习单元	课程内容	培训建议	课堂学时
2．失调性指甲护理	2–2 修复咬残指甲	能修复咬残的指甲	咬残指甲的修复	修复咬残指甲	1）服务项目 2）服务用品 3）工作准备 4）操作步骤 5）残甲修复案例 6）注意事项	（1）方法：讲授法、演示法、观摩法、实物示教法等 （2）重点与难点：残甲修复案例	2
3．手、足部皮肤养护	3–1 手部皮肤护理	3–1–1 能对手部进行美白护理	（1）美白产品的选择 （2）手部皮肤美白护理方法	手部皮肤护理	1）常用美白产品的性能及效果	（1）方法：讲授法、演示法、观摩法、实物示教法等 （2）重点与难点：手部皮肤美白的护理方法	2
		3–1–2 能对干裂手进行特殊护理	（1）干裂手护理机的使用 （2）手部干裂的护理方法		2）手部干裂形成的原因 3）干裂手护理机的使用方法 4）手部皮肤美白的护理方法 5）干裂手的护理方法		
	3–2 足部皮肤护理	3–2–1 能对足部进行美白护理	（1）皮肤水分测试仪的使用与保养 （2）足浴设备的使用 （3）足部皮肤美白护理方法	足部皮肤护理	1）皮肤水分测试仪的使用方法及维护、保养 2）足浴设备的使用方法 3）足部皮肤美白护理的方法	（1）方法：讲授法、演示法、观摩法、实物示教法等 （2）重点与难点：足部皮肤美白的护理方法	2
		3–2–2 能对干裂足进行特殊护理	干裂足的护理方法		4）干裂足的护理方法 5）注意事项		
4．人造指甲的制作和卸除	4–1 制作水晶指甲	4–1–1 能使用各种贴片制作水晶指甲	（1）水晶指甲的选型要求 （2）半贴贴片水晶指甲的制作 （3）浅贴贴片水晶指甲的制作	（1）水晶指甲制作基础	1）指托板的类型及操作要领 2）水晶指甲的造型要求	（1）方法：讲授法、演示法、观摩法、实物示教法等 （2）重点与难点：水晶指甲的造型要求	1

续表

2.1.3 四级/中级职业技能培训要求				2.2.3 四级/中级职业技能培训课程规范			
职业功能模块（模块）	工作内容（课程）	技能目标	培训细目	学习单元	课程内容	培训建议	课堂学时
4．人造指甲的制作和卸除	4-1 制作水晶指甲	4-1-1 能使用各种贴片制作水晶指甲	（1）水晶指甲的选型要求 （2）半贴贴片水晶指甲的制作 （3）浅贴贴片水晶指甲的制作	（2）半贴贴片水晶指甲制作	半贴贴片水晶指甲制作	（1）方法：讲授法、演示法、观摩法、实训（练习）法等 （2）重点与难点：半贴贴片水晶指甲	2
				（3）浅贴贴片水晶指甲制作	浅贴贴片水晶指甲制作	（1）方法：讲授法、演示法、观摩法、实训（练习）法等 （2）重点与难点：浅贴贴片水晶指甲	2
		4-1-2 能制作单色水晶指甲	单色水晶指甲的制作	（4）单色水晶指甲制作	单色水晶指甲的制作	（1）方法：讲授法、演示法、观摩法、实训（练习）法等 （2）重点与难点：单色水晶指甲的制作方法	2
		4-1-3 能制作基础法式水晶指甲	法式水晶指甲的制作	（5）法式水晶指甲制作	法式水晶指甲的制作	（1）方法：讲授法、演示法、观摩法、实训（练习）法等 （2）重点与难点：法式水晶指甲的制作	2
		4-1-4 能修补各种水晶指甲	（1）修补前缘出现裂缝的水晶指甲 （2）修补前缘出现破损、断裂的水晶指甲	（6）水晶指甲前缘出现裂缝的修补	水晶指甲前缘出现裂缝的修补	（1）方法：讲授法、演示法、观摩法、实训（练习）法等 （2）重点与难点：水晶指甲前缘出现裂缝的修补	2
				（7）水晶指甲前缘出现破损、断裂时的修补	水晶指甲前缘出现破损、断裂时的修补	（1）方法：讲授法、演示法、观摩法、实训（练习）法等 （2）重点与难点：水晶指甲前缘出现破损、断裂时的修补	2

续表

<table>
<tr><th colspan="4">2.1.3 四级 / 中级职业技能培训要求</th><th colspan="4">2.2.3 四级 / 中级职业技能培训课程规范</th></tr>
<tr><th>职业功能模块（模块）</th><th>工作内容（课程）</th><th>技能目标</th><th>培训细目</th><th>学习单元</th><th>课程内容</th><th>培训建议</th><th>课堂学时</th></tr>
<tr><td rowspan="7">4．人造指甲的制作和卸除</td><td rowspan="3">4-1 制作水晶指甲</td><td>4-1-4 能修补各种水晶指甲</td><td>（3）修补水晶指甲后缘</td><td>（8）水晶指甲后缘的修补</td><td>水晶指甲后缘的修补</td><td>（1）方法：讲授法、演示法、观摩法、实训（练习）法等
（2）重点与难点：水晶指甲后缘的修补</td><td>2</td></tr>
<tr><td rowspan="2">4-1-5 能卸除各种水晶指甲</td><td rowspan="2">（1）卸甲机卸甲
（2）锡纸包扎卸甲</td><td>（9）卸甲机卸除水晶指甲的方法</td><td>卸甲机卸除水晶指甲的方法</td><td>（1）方法：讲授法、演示法、观摩法、实物示教法等
（2）重点与难点：卸甲机卸除水晶指甲的方法</td><td>2</td></tr>
<tr><td>（10）锡纸包扎卸除水晶指甲的方法</td><td>锡纸包扎卸除水晶指甲的方法</td><td>（1）方法：讲授法、演示法、观摩法、实训（练习）法等
（2）重点与难点：锡纸包扎卸除水晶指甲的方法</td><td>2</td></tr>
<tr><td rowspan="4">4-2 制作凝胶指甲</td><td rowspan="4">4-2-1 能使用不同的填充物，利用凝胶和催化剂制作丝绸指甲、凝胶指甲、玻璃纤维指甲和纸指甲</td><td rowspan="4">（1）凝胶指甲的选择
（2）光效凝胶指甲的制作
（3）全贴丝绸指甲的制作
（4）半贴贴片丝绸凝胶指甲的制作
（5）自然凝胶指甲的制作
（6）粉胶指甲的制作</td><td rowspan="2">（1）凝胶指甲的基础知识</td><td>1）各类凝胶指甲的特性、使用和储存方法</td><td rowspan="2">（1）方法：讲授法、演示法、观摩法、实训（练习）法等
（2）重点与难点：各类凝胶指甲的特性、使用和储存方法</td><td rowspan="2">2</td></tr>
<tr><td>2）速干剂的类型</td></tr>
<tr><td>（2）光效凝胶指甲的制作</td><td>光效凝胶指甲的制作</td><td>（1）方法：讲授法、演示法、观摩法、实训（练习）法等
（2）重点与难点：光效凝胶指甲的制作</td><td>2</td></tr>
<tr><td>（3）全贴丝绸指甲的制作</td><td>全贴丝绸指甲的制作</td><td>（1）方法：讲授法、演示法、观摩法、实训（练习）法等
（2）重点与难点：全贴丝绸指甲的制作</td><td>2</td></tr>
</table>

续表

<table>
<tr><th colspan="4">2.1.3　四级 / 中级职业技能培训要求</th><th colspan="4">2.2.3　四级 / 中级职业技能培训课程规范</th></tr>
<tr><th>职业功能模块（模块）</th><th>工作内容（课程）</th><th>技能目标</th><th>培训细目</th><th>学习单元</th><th>课程内容</th><th>培训建议</th><th>课堂学时</th></tr>
<tr><td rowspan="5">4．人造指甲的制作和卸除</td><td rowspan="5">4-2　制作凝胶指甲</td><td rowspan="3">4-2-1　能使用不同的填充物，利用凝胶和催化剂制作丝绸指甲、凝胶指甲、玻璃纤维指甲和纸指甲</td><td rowspan="3">（1）凝胶指甲的选择
（2）光效凝胶指甲的制作
（3）全贴丝绸指甲的制作
（4）半贴贴片丝绸凝胶指甲的制作
（5）自然凝胶指甲的制作
（6）粉胶指甲的制作</td><td>（4）半贴贴片丝绸凝胶指甲的制作</td><td>半贴贴片丝绸凝胶指甲的制作</td><td>（1）方法：讲授法、演示法、观摩法、实训（练习）法等
（2）重点与难点：半贴贴片丝绸凝胶指甲的制作</td><td>2</td></tr>
<tr><td>（5）自然凝胶指甲的制作</td><td>自然凝胶指甲的制作</td><td>（1）方法：讲授法、演示法、观摩法、实训（练习）法等
（2）重点与难点：自然凝胶指甲的制作</td><td>2</td></tr>
<tr><td>（6）粉胶指甲的制作</td><td>粉胶指甲的制作</td><td>（1）方法：讲授法、演示法、观摩法、实训（练习）法等
（2）重点与难点：粉胶指甲的制作方法</td><td>2</td></tr>
<tr><td rowspan="2">4-2-2　能修补和卸除各种凝胶指甲</td><td rowspan="2">（1）凝胶指甲的修补
（2）凝胶指甲的卸除</td><td rowspan="2">（7）凝胶指甲的修补和卸除</td><td>1）凝胶指甲的修补</td><td rowspan="2">（1）方法：讲授法、演示法、观摩法、实训（练习）法等
（2）重点与难点：凝胶指甲的修补</td><td rowspan="2">2</td></tr>
<tr><td>2）凝胶指甲的卸除</td></tr>
<tr><td rowspan="4">5．装饰指甲</td><td rowspan="4">手绘指甲</td><td rowspan="4">能绘制规定题材的图案</td><td rowspan="4">（1）色彩构成的方法
（2）构图的方法
（3）手绘基本技巧</td><td rowspan="4">不同题材图案的绘制</td><td>1）色彩构成及色彩美</td><td rowspan="4">（1）方法：讲授法、观摩法、实物示教法等
（2）重点与难点：美甲构图的方法</td><td rowspan="4">12</td></tr>
<tr><td>2）指尖色彩与图案赏析</td></tr>
<tr><td>3）美甲构图的方法</td></tr>
<tr><td>4）实用手绘的技巧与准则</td></tr>
<tr><td colspan="7">课堂学时合计</td><td>67</td></tr>
</table>

附录 4　三级 / 高级职业技能培训要求与课程规范对照表

<table>
<tr><th colspan="4">2.1.4　三级 / 高级职业技能培训要求</th><th colspan="4">2.2.4　三级 / 高级职业技能培训课程规范</th></tr>
<tr><th>职业功能模块（模块）</th><th>工作内容（课程）</th><th>技能目标</th><th>培训细目</th><th>学习单元</th><th>课程内容</th><th>培训建议</th><th>课堂学时</th></tr>
<tr><td rowspan="16">1．接待咨询</td><td rowspan="10">1-1　接待</td><td rowspan="10">能使用常用英语接待外宾</td><td rowspan="10">（1）世界技能大赛中涉及的美甲英语
（2）用美甲专用英语沟通
（3）用英语接待外宾的流程</td><td rowspan="5">（1）世界技能大赛美甲英语词汇</td><td>1）世界技能大赛美容项目中的美甲英语词汇</td><td rowspan="5">（1）方法：讲授法、案例教学法、角色扮演法等
（2）重点与难点：世界技能大赛美容项目中的美甲英语词汇</td><td rowspan="5">3</td></tr>
<tr><td>2）世界技能大赛手护理模块专用英语词汇</td></tr>
<tr><td>3）世界技能大赛足部护理模块专用英语词汇</td></tr>
<tr><td>4）世界技能大赛幻彩妆和幻彩美甲模块专用英语词汇</td></tr>
<tr><td>5）世界技能大赛睫毛种植模块专用英语词汇</td></tr>
<tr><td rowspan="3">（2）日常美甲专用词汇</td><td>1）美甲专业常用英语词汇</td><td rowspan="3">（1）方法：讲授法、案例教学法、角色扮演法等
（2）重点与难点：英语日常接待语句</td><td rowspan="3">1</td></tr>
<tr><td>2）美甲专业常用英语语句</td></tr>
<tr><td>3）英语日常接待语句</td></tr>
<tr><td rowspan="2">（3）用英语接待外宾的工作流程</td><td>1）工作程序</td><td rowspan="2">（1）方法：讲授法、案例教学法、角色扮演法等
（2）重点与难点：各类美甲服务项目的特点</td><td rowspan="2">2</td></tr>
<tr><td>2）注意事项</td></tr>
<tr><td rowspan="6">1-2　咨询</td><td rowspan="3">1-2-1　能解答顾客提出的各种美甲问题</td><td rowspan="3">（1）询问
（2）解答
（3）沟通</td><td rowspan="3">（1）美甲问题的解答</td><td>1）询问</td><td rowspan="3">（1）方法：讲授法、案例教学法、角色扮演法等
（2）重点与难点：解答</td><td rowspan="3">2</td></tr>
<tr><td>2）解答</td></tr>
<tr><td>3）沟通</td></tr>
<tr><td rowspan="3">1-2-2　能为顾客拟订美甲服务方案</td><td rowspan="3">（1）拟订美甲服务方案
（2）确认价格</td><td rowspan="3">（2）美甲服务方案拟订方法</td><td>1）拟订美甲服务方案</td><td rowspan="3">（1）方法：讲授法、案例教学法、角色扮演法等
（2）重点与难点：拟订美甲服务方案</td><td rowspan="3">2</td></tr>
<tr><td>2）确认价格</td></tr>
<tr><td>3）注意事项</td></tr>
</table>

续表

2.1.4 三级 / 高级职业技能培训要求				2.2.4 三级 / 高级职业技能培训课程规范			
职业功能模块（模块）	工作内容（课程）	技能目标	培训细目	学习单元	课程内容	培训建议	课堂学时
2．人造指甲的制作和卸除	2-1 制作水晶指甲	2-1-1 能制作主视C型弧度达到120°以上，俯视微笑线光滑、清晰、两端等高的法式水晶指甲	法式水晶甲的制作(主视C型弧度达到120°以上，俯视微笑线光滑、清晰、ab两端等高)	(1) 高标准法式水晶指甲的要求及制作	1) 法式水晶指甲大赛相关要求 2) 高标准法式水晶指甲的制作程序 ①服务项目 ②服务用品 ③工作准备 ④操作步骤 ⑤注意事项	(1) 方法：讲授法、演示法、观摩法、实物示教法等 (2) 重点与难点：较高标准法式水晶甲的制作程序	4
		2-1-2 能使用电动打磨机修补水晶指甲	电动打磨机修补水晶指甲	(2) 电动打磨机修补水晶指甲的工作程序	1) 电动打磨机型号 2) 工作程序 3) 注意事项	(1) 方法：讲授法、演示法、观摩法、实物示教法等 (2) 重点与难点：电动打磨机修补水晶指甲	3
	2-2 问题指甲的处理	2-2-1 能修复残甲	残甲修复	(1) 残甲修复	残甲修复	(1) 方法：讲授法、演示法、观摩法、实物示教法等 (2) 重点与难点：残甲修复	2
		2-2-2 能再接断甲	接断甲	(2) 接断甲	接断甲	(1) 方法：讲授法、演示法、观摩法、实物示教法等 (2) 重点与难点：接断甲	2
		2-2-3 能矫正畸形甲	畸形甲矫正	(3) 畸形甲的矫正	畸形甲的矫正	(1) 方法：讲授法、演示法、观摩法、实物示教法等 (2) 重点与难点：畸形指甲的矫正	2
		2-2-4 能处理和美化灰指甲	灰指甲处理和美化	(4) 灰指甲的成因及处理方法	1) 灰指甲的成因 2) 灰指甲的处理方法	(1) 方法：讲授法、演示法、观摩法、实物示教法等 (2) 重点与难点：灰指甲的处理方法	2
		2-2-5 能对霉变指甲进行消毒及处理	霉变指甲的消毒处理	(5) 霉变指甲的成因及处理方法	1) 霉变指甲的成因 2) 霉变指甲的处理方法	(1) 方法：讲授法、演示法、观摩法、实物示教法等 (2) 重点与难点：霉变指甲的处理方法	2

续表

<table>
<tr><th colspan="4">2.1.4　三级 / 高级职业技能培训要求</th><th colspan="4">2.2.4　三级 / 高级职业技能培训课程规范</th></tr>
<tr><th>职业功能模块（模块）</th><th>工作内容（课程）</th><th>技能目标</th><th>培训细目</th><th>学习单元</th><th>课程内容</th><th>培训建议</th><th>课堂学时</th></tr>
<tr><td rowspan="7">2．人造指甲的制作和卸除</td><td rowspan="7">2–3　光效凝胶指甲的制作与维护</td><td rowspan="7">能制作、卸除、修补和再植光效凝胶指甲</td><td rowspan="7">（1）制作光效凝胶指甲
（2）卸除光效凝胶指甲
（3）再植光效凝胶指甲</td><td rowspan="7">光效凝胶指甲的制作与维护</td><td>1）光效凝胶指甲的化学成分、固化原理及与水晶指甲的区别</td><td rowspan="7">（1）方法：讲授法、演示法、观摩法、实物示教法等
（2）重点与难点：光效凝胶指甲的制作</td><td rowspan="7">8</td></tr>
<tr><td>2）光效凝胶指甲的特点及制作方法</td></tr>
<tr><td>3）光效凝胶指甲的制作材料</td></tr>
<tr><td>4）光效凝胶指甲、自然凝胶指甲与其他美甲工艺的搭配</td></tr>
<tr><td>5）凝胶灯的工作原理和维护保养</td></tr>
<tr><td>6）工作程序</td></tr>
<tr><td>7）注意事项</td></tr>
<tr><td rowspan="13">3．装饰指甲</td><td rowspan="13">3–1　创意型手绘指甲</td><td rowspan="13">能设计和制作符合主题内容的手绘指甲</td><td rowspan="13">（1）丙烯颜料的使用
（2）手绘指甲基本操作程序
（3）创意美甲设计</td><td rowspan="7">（1）手绘指甲基础</td><td>1）手绘艺术设计</td><td rowspan="7">（1）方法：讲授法、演示法、观摩法、实物示教法等
（2）重点与难点：手绘工作程序</td><td rowspan="7">4</td></tr>
<tr><td>2）色彩运用</td></tr>
<tr><td>3）手绘用笔的技巧</td></tr>
<tr><td>4）创造能力的培养</td></tr>
<tr><td>5）工作程序</td></tr>
<tr><td>6）丙烯颜料手绘实例</td></tr>
<tr><td>7）注意事项</td></tr>
<tr><td rowspan="6">（2）创意美甲设计</td><td>1）创意甲油胶彩绘</td><td rowspan="6">（1）方法：讲授法、演示法、观摩法、实物示教法等
（2）重点与难点：甲油胶创意美甲设计</td><td rowspan="6">8</td></tr>
<tr><td>2）中国式美甲创意（甲油胶和丙烯颜料混合使用）</td></tr>
<tr><td>3）中国式美甲创意（甲油胶创意彩绘）</td></tr>
<tr><td>4）甲油胶创意彩绘及饰品制作</td></tr>
<tr><td>5）甲油胶创意彩绘案例分析</td></tr>
<tr><td>6）幻彩艺术整体创意设计理念</td></tr>
</table>

续表

2.1.4　三级 / 高级职业技能培训要求				2.2.4　三级 / 高级职业技能培训课程规范			
职业功能模块（模块）	工作内容（课程）	技能目标	培训细目	学习单元	课程内容	培训建议	课堂学时
3．装饰指甲	3-2　喷绘	能使用喷绘设备及模板制作层次分明的喷绘指甲	（1）喷绘机的使用及保养 （2）喷绘美甲操作	喷绘机的使用及喷绘操作	1）喷绘机的使用 2）喷绘机的维护、保养 3）喷绘的操作程序及注意事项 4）喷绘基本笔画 5）喷绘模板展示 6）喷绘作品欣赏 7）综合技法喷绘操作程序及作品展示	（1）方法：讲授法、演示法、观摩法、实物示教法等 （2）重点与难点：喷绘的操作程序及注意事项	2
	3-3　内雕	能在水晶指甲内进行雕塑造型	内雕	内雕操作程序	1）内雕的基本要求 2）操作程序 3）注意事项 4）内雕作品欣赏	（1）方法：讲授法、演示法、观摩法、实物示教法等 （2）重点与难点：内雕操作程序	4
	3-4　外雕	能在指甲表面进行雕塑造型	外雕	外雕操作程序	1）水晶指甲外雕的基本要求 2）操作程序 3）外雕实例 4）外雕作品欣赏 5）注意事项	（1）方法：讲授法、演示法、观摩法、实物示教法等 （2）重点与难点：外雕操作程序	5
课堂学时合计							58

附录5　二级 / 技师职业技能培训要求与课程规范对照表

2.1.5　二级 / 技师职业技能培训要求				2.2.5　二级 / 技师职业技能培训课程规范			
职业功能模块（模块）	工作内容（课程）	技能目标	培训细目	学习单元	课程内容	培训建议	课堂学时
1．装饰指甲	1-1　观赏型三维艺术指甲	1-1-1　能运用不同材料进行三维造型	不同材料的三维指甲造型	观赏型三维艺术指甲	1）美甲设计材料基本知识 2）舞台艺术造型与美甲表演艺术 3）美学和化妆的基本知识 4）人体彩绘基本知识	（1）方法：讲授法、演示法、观摩法、实物示教法等	8

续表

2.1.5 二级 / 技师职业技能培训要求				2.2.5 二级 / 技师职业技能培训课程规范			
职业功能模块（模块）	工作内容（课程）	技能目标	培训细目	学习单元	课程内容	培训建议	课堂学时
1．装饰指甲	1-1 观赏型三维艺术指甲	1-1-2 能结合人体彩绘、梦幻妆、服饰造型等舞台表现方法来进行观赏型三维艺术指甲造型	观赏型三维艺术指甲造型	观赏型三维艺术指甲	5）服装造型基本知识 6）设计工作程序 ①明确设计主题 ②设计构思 ③材料工具 ④制作作品 ⑤注意事项	（2）重点与难点：美甲设计材料基本知识及设计工作程序	
	1-2 美甲艺术设计与制作	1-2-1 能设计个性化平面指甲图案	个性化平面指甲图案设计	（1）平面美甲艺术设计与制作	1）平面指甲设计图概述 2）运用铅笔淡彩技法绘制平面指甲设计图 3）运用粉笔技法绘制平面指甲设计图	（1）方法：讲授法、演示法、观摩法、实物示教法等 （2）重点与难点：平面美甲艺术设计与制作	4
		1-2-2 能设计个性化立体指甲造型	个性化立体指甲造型设计	（2）立体美甲艺术设计与制作	1）立体指甲造型设计 2）制作三维立体玫瑰花指甲造型 3）制作三维立体马蹄莲指甲造型 4）注意事项	（1）方法：讲授法、演示法、观摩法、实物示教法等 （2）重点与难点：立体美甲艺术设计与制作	4
2．培训与指导	2-1 操作指导	能对五级/初级、四级/中级、三级/高级美甲师进行操作指导	美甲师操作指导	操作指导	1）美甲职业技能培训定义 2）美甲职业技能培训的教学特点 3）美甲职业技能培训的基本方法 4）培训教学方法的选择 5）美甲技能培训的手段 6）美甲职业技能培训指导的特性 7）美甲职业技能培训的操作程序 ①制定操作指导学习目标和教学内容	（1）方法：讲授法、演示法、案例教学法等	4

续表

2.1.5　二级/技师职业技能培训要求				2.2.5　二级/技师职业技能培训课程规范			
职业功能模块（模块）	工作内容（课程）	技能目标	培训细目	学习单元	课程内容	培训建议	课堂学时
2. 培训与指导	2-1　操作指导	能对五级/初级、四级/中级、三级/高级美甲师进行操作指导	美甲师操作指导	操作指导	②选择操作指导教学方法 ③评估操作指导的效果 ④注意事项	（2）重点与难点：美甲职业技能培训基本方法、美甲职业技能培训的操作程序	
	2-2　理论培训	能讲授本专业基础理论知识	基础理论知识讲授	理论培训	1）美甲职业技能培训教师应掌握的相关知识	（1）方法：讲授法、演示法、案例教学法等 （2）重点与难点：专业基础理论知识培训的操作程序	4
					2）技能培训的教学环境		
					3）美甲专业基础理论知识的培训		
					4）美甲培训教学设计		
					5）专业基础理论知识培训的操作程序 ①基础理论知识培训的需求分析 ②制定基础理论知识培训的目标 ③制定基础理论知识培训的教学内容 ④选择基础理论知识培训的教学方法 ⑤评估基础理论知识培训的效果 ⑥注意事项		
3. 质量管理	3-1　解决工艺问题	能分析美甲过程中的工艺问题，并提出解决的具体方案	（1）美甲工艺问题分析	（1）美甲教学质量管理	1）质量与质量管理	（1）方法：讲授法、演示法、案例教学法等 （2）重点与难点：美甲教学全面质量管理的原则	4
					2）全面质量管理的概念		
					3）美甲教学全面质量管理的原则		
					4）美甲教学全面质量管理的戴明环模式		
				（2）产品质量	1）产品质量概述	（1）方法：讲授法、演示法、案例教学法等	4

续表

2.1.5　二级 / 技师职业技能培训要求				2.2.5　二级 / 技师职业技能培训课程规范			
职业功能模块（模块）	工作内容（课程）	技能目标	培训细目	学习单元	课程内容	培训建议	课堂学时
3．质量管理	3-1　解决工艺问题	能分析美甲过程中的工艺问题，并提出解决的具体方案	（2）美甲工艺问题解决方案	（2）产品质量	2）美甲工艺问题的成因及解决方法	（2）重点与难点：美甲工艺问题的成因及解决方案	
	3-2　技术总结	能撰写技术总结	技术总结撰写	技术总结撰写	1）撰写技术总结的方法 2）技术总结的格式 3）撰写技术总结的工作程序 ①明确技术知识范畴 ②确定总结需要解决的问题 ③收集合理化建议 ④提炼技术新成果 ⑤总结撰写工作 ⑥注意事项	（1）方法：讲授法、演示法、案例教学法等 （2）重点与难点：撰写技术总结的工作程序	4
课堂学时合计							36

附录 6　一级 / 高级技师职业技能培训要求与课程规范对照表

2.1.6　一级 / 高级技师职业技能培训要求				2.2.6　一级 / 高级技师职业技能培训课程规范			
职业功能模块（模块）	工作内容（课程）	技能目标	培训细目	学习单元	课程内容	培训建议	课堂学时
1．装饰指甲	1-1　制作复合型指甲	能运用镶嵌、手绘、喷绘、内雕、外雕五种技法制作复合型的艺术造型指甲	镶嵌、手绘、喷绘、内雕、外雕五种技法制作复合型的艺术造型指甲	复合型指甲制作	1）复合型指甲概述 2）国内外美甲流行趋势 3）复合型艺术指甲赏析 4）工作程序 ①明确设计主题 ②确定色彩基调 ③完成整体构图 ④准备材料工具 ⑤喷绘背景铺垫	（1）方法：讲授法、演示法、观摩法、实物示教法等	8

续表

2.1.6 一级/高级技师职业技能培训要求				2.2.6 一级/高级技师职业技能培训课程规范			
职业功能模块（模块）	工作内容（课程）	技能目标	培训细目	学习单元	课程内容	培训建议	课堂学时
1．装饰指甲	1-1 制作复合型指甲	能运用镶嵌、手绘、喷绘、内雕、外雕五种技法制作复合型的艺术造型指甲	镶嵌、手绘、喷绘、内雕、外雕五种技法制作复合型的艺术造型指甲	复合型指甲制作	⑥内雕填充 ⑦外雕 ⑧手绘、镶嵌构图 ⑨完成效果展示 ⑩注意事项	（2）重点与难点：复合型指甲制作工作程序	
	1-2 网络设计	能运用美甲专业设计软件，进行美甲造型的艺术设计	（1）美甲专业设计软件的运用 （2）计算机美甲造型艺术设计	用计算机进行美甲设计	1）计算机平面制图方法及专业美甲软件的使用	（1）方法：讲授法、演示法、观摩法、实物示教法等 （2）重点与难点：计算机美甲设计工作程序	8
					2）计算机使用基础知识		
					3）计算机平面设计制图软件 Photoshop		
					4）计算机指甲彩绘艺术		
					5）工作程序 ①以兰花为参照绘制美甲图案 ②指甲彩绘制作 ③注意事项		
2．培训与指导	操作指导	能对二级/技师及以下级别的人员进行培训和指导	对二级/技师及以下的人员进行培训和指导	（1）教学设计	1）美甲培训教学设计原理	（1）方法：讲授法、演示法、案例教学法等 （2）重点与难点：美甲培训讲义与设计板书	4
					2）编写美甲培训讲义与设计板书		
					3）美甲培训需求分析		
					4）注意事项		
		能够编写美甲师培训讲义	美甲师培训讲义编写	（2）美甲技师培训	1）美甲培训教学基本环节	（1）方法：讲授法、演示法、案例教学法等 （2）重点与难点：美甲培训教学基本环节	4
					2）运用美甲师国家职业技能标准进行培训		
3．技术创新与质量管理	3-1 技术创新	3-1-1 能组织美甲新工艺的研发	美甲新工艺的研发	技术创新	1）美甲新工艺的研发与组织管理方法	（1）方法：讲授法、演示法、案例教学法等	6

续表

2.1.6 一级 / 高级技师职业技能培训要求				2.2.6 一级 / 高级技师职业技能培训课程规范			
职业功能模块（模块）	工作内容（课程）	技能目标	培训细目	学习单元	课程内容	培训建议	课堂学时
3．技术创新与质量管理	3-1 技术创新	3-1-2 应用美甲新技术，并提出和实施推广方案	美甲技术创新、实施和推广	技术创新	2）美甲新技术的宣传与推广 3）注意事项	（2）重点与难点：美甲新工艺的研发与组织管理方法	
	3-2 质量管理	能全面分析美甲质量问题产生的原因，并提出具体的解决方案	（1）美甲质量问题产生原因的全面分析 （2）具体解决方案	质量管理	1）美甲店实施全面信息化质量管理的意义 2）信息化管理在美甲店的应用目的 3）美甲店信息化管理现状 4）利用计算机管理系统实现提升质量管理水平的手段 5）美甲店管理系统的功能结构及核心功能 6）美甲店计算机管理系统实施程序 7）美甲店计算机管理系统应用实例 8）注意事项	（1）方法：讲授法、演示法、案例教学法等 （2）重点与难点：美甲店管理系统的功能结构及核心功能、美甲店计算机管理系统实施程序	8
课堂学时合计							38